The Million Dollar Golden Formula.

一台筆電，
年收百萬

Terry Fu 的網路行銷秘技

五步驟輕鬆打造屬於
你的**自動化系統**

網路行銷魔術師
傅靖晏 Terry Fu／著

推薦序 ❶

你想擁有自己的網路印鈔機嗎？

你身邊是否有一些親戚朋友，他們整天都是忙這忙那，但生活品質卻不盡如人意。你是否一直都很忙，一直在努力賺錢，但是儘管努力了，還是窮忙過日子？有些大老闆雖然成功賺了大錢，但他們的工作時間也成正比增加，擺脫不了用時間換錢、生意做越大越忙的「宿命」！

人生不是只有工作，還有許多比工作更重要的事。例如你的家人、你的另一半、你的孩子，他們都很需要你的陪伴，我相信不論你是企業老闆，或者你現在是個上班族，或是任何身份，你會想要賺更多錢、想要創業、想擁有自己的一片天，其中一個原因，應該都是希望讓你愛的人過得更好，不是嗎？而且你也會希望有更多時間陪伴他們，不是只是給他們錢、讓他們生活過得好而已。

賺錢很重要，賺到自由更重要！其實上網賺錢是一件相當容易的收入模式，不過有很多人不知道該怎麼做才能輕鬆賺錢，有 **90%** 以上的人每天花費很長的時間在網上經營自己的

網絡事業，但是如果你搞懂幾個訣竅就能讓你每天只花一杯咖啡的時間工作賺錢，心動嗎？

這是一個能徹底讓你獲得財富自由的機會，Terry 老師，是曾創下 10 分鐘 245,000 元營收，兩天營收百萬紀錄的網路行銷鬼才！他完全不藏私地在本書中分享他是如何透過網路創造財富的秘密，你將學會如何每天只花 10 分鐘就能輕鬆在網上賺錢，並且建立可觀的自動收入模式。

萬科王石曾說過，作為一個企業家財務自由很重要，但是財務自由只是其中的一部分。如果人想要獲得自由，必須站在巨人的肩膀上。站在巨人的肩膀上，你可以學習成功者的經驗，透過借力，跨進線上銷售，應用已被證實有效的贏利模式。有了明師指導與帶領就可以讓你在網路銷售路上少走很多冤枉路。

大多數人認為網路創業的門檻低、成本低，技術與產品的問題都容易解決，因此很多網友就自己練功學習，然而，教練的級別決定選手的成敗，懂得借力使力就能運用別人的智慧來創造自己的價值。

翻開本書，就是給你自己一個改變生活的關鍵契機。

這社會並不是靠努力和辛苦勞動來賺大錢的。拼努力，種

菜的農夫比我們努力；比辛苦，富士康的員工也比我們辛苦，但是他們都賺不到大錢。另外我們也發現，其實很多賺到大錢的人，他們都不辛苦。許多人創業失敗仍持續堅持創業的原因，就是因為他們真正懂得賺錢的秘密，知道「拿人工資永遠賺不了大錢」。

如果你認為一定要很努力才能賺到錢，那表示你的方法一定哪裡有問題！成功者擁有「持續性的收入」，只要辛苦一陣子，努力的成果可以累計，收入卻能源源不斷，輕鬆快樂一輩子；普通人只會賺到「短暫性的收入」，有做就有，沒做就沒有任何收入，所以要辛苦一輩子。

在本書中，Terry 老師分享了其十多年來在網路上創富的經驗、實戰案例。也和你分享了「快樂自由族」的生活型態，告訴你有更好的方式可以做你現在做的事情，獲得更多業績、創造更高收入，不再是只能透過犧牲自己的時間甚至健康，更努力工作來交換，你可以透過軟體工具的設定讓一切自動化，你可以運用付費廣告來開發源源不絕的客戶、24 小時不間斷地成交訂單創造獲利、賺到錢。

Terry 老師做過的資訊產品種類有：電子書、實體課程、線上課程、實體研討會、線上研討會、一對一顧問諮詢……累積的營收超過千萬新台幣！許多人沒辦法建立足夠「養活自

己」的資訊型事業，很多是因為對資訊型產品、資訊型事業一知半解，不曉得該從哪裡開始？第二步、第三步、直到最後的階段該如何進行？甚至連這些階段是什麼、每個階段的重點該放在哪裡都不知道……而這本書就能幫助你突破這樣的瓶頸和困境。

書中提到 10 大重要關鍵，是其在網銷一路走來所學習到的心得、經驗、策略和成功關鍵！能讓你的事業發展得更穩健和快速，你將發現，透過這樣的運作，你的收入是沒有上限的！是可以持續不斷擴張的！更棒的是，即使你收入增加了、營收擴大了、業績翻倍了，但你的工作時間不會因此而增加！

你可以得到財務自由，更能解放自己的時間，讓你連時間也自由！

這本書名為《一台筆電，年收百萬》，但實際上分享的卻是月入百萬的實際策略和方法！只要一台可以上網的筆電，一切就全都在你的掌握之中！讓 Terry 老師帶領你創造自己的財富王國吧！

王聲凡　于台北上林苑

推薦序 ❷

證實有效的自動收入系統

《一台筆電，年收百萬》的作者——傅靖晏 Terry Fu 是我多年的朋友，他從負債數百萬，到曾經創下一個月數百萬收入的記錄，令人讚嘆。

他用淺顯的語言、嚴謹的見證、簡明易懂、便於應用，不光僅僅是只有理論，還包含實際的方法以及心態面，全書將帶給您一個截然不同的視野，讓我們學會用更有效率的方式，創造業績、創造收入！！

告訴你一個秘密，在從事培訓事業 18 年的經歷中，我從未見過像本書這樣富有價值，能夠有效改變人生的作品。我可以負責任地告訴大家，如果你想成為百萬收入的「快樂自由族」，想要在最短的時間把自動印鈔機搬回家的，這本書就是你的必讀之作。

恭喜正在閱讀這本書的你，「你將擁有一套證實有效的系統和能幫助你達成目標的教練！」你不可思議的美好人生，將

從此時此刻開始，我在此衷心希望它能在未來繼續發揮影響，讓你的事業和收入更上一層樓！讓更多的人成為快樂自由族，創造不平凡人生。

超越巔峯商學院執行長＆
《成交就是這麼簡單》、
《銷傲江湖》暢銷書作家

推薦序 ❸

打造快樂現金流，享受自由新生活

認識 Terry Fu 老師已有多年，同為在網路行銷培訓界認真耕耘的老師，對他的才華與對教育的熱忱可謂既敬且佩，今聞他即將出書，自然是樂於為其寫推薦序。

得其書稿，當下立即拜讀，有一種很過癮的感覺，讓我一口氣就讀完了這本書，其中許多想法都深得我心，雖然這本書不論是從書名、或是作者本身的形象，都很容易被認為是一本談論網路行銷的書，然而其中所提出的商業模式與邏輯架構，我相信是不論網路生意或是實體生意都適用的。

如果你是網路行銷界的新手小白，我會推薦你讀這本書，因為這本書的內容深入淺出兼之風趣生動，你會覺得猶如一個幽默的好朋友坐在你的面前跟你分享一個驚奇的故事；如果你是網路行銷界的沙場老將，我也會推薦你讀這本書，因為這本書有著完整而且經過實證有效的系統、流程，能幫助你的事業更上一層樓。

　　這本書中提到一個名詞：快樂自由族，我個人以為這才是我們學習網路行銷真正的價值，我相信當有更多的人因為懂得正確的網路行銷方式之後，為生活所帶來的改變，不僅僅是賺到錢而已，更重要的是賺到快樂、賺到自由，與賺到能與所愛之人更多相處的時間，而當世界上有更多的快樂自由族的時候，這整個地球，也將因此而更加祥和美好，我猜想這也是 Terry Fu 老師願意付出巨大的時間，把十多年來的成功經驗彙集成書的用意吧。

　　願以此推薦序，預先祝福此書大賣、且長銷！

若水學院 創辦人　威廉老師

推薦序 ❹

最省事、最有效率、保證成功的網銷密技

　　當聽到 Terry 老師邀請我寫序時，當下感到特別開心！這有兩個原因，一、是我的好友出書，這自然會很讓人開心，二、我們這個比較不被注意的行業，終於有讓人看見它的機會了。

　　別誤會喔！我說網銷比較不被注意，並不代表它不重要。實際上全世界的企業，大到國際企業，小到在路邊擺攤的小販，都懂得如何使用這個方法來為自己的事業默默賺取更多的利潤。

　　你想想過去的幾年間，你在 FB 看到的所有動態貼文廣告，我可以很肯定的跟你說，有 85% 用的就是這個方法。至於為什麼到今天才有人注意呢？我想這也不重要了，重點是這本書可以如何幫助到你，正所謂來得早，不如來得好，不是嗎？

　　我的學生總是問我，要如何在短時間內，快速地透過網路

賺錢呢？該找什麼產品才能大賣呢？

每次聽到這些問題時，我都很頭痛……因為當你把注意力放在賺錢這件事情上時，你就會無法賺錢！

是不是對這句話感到很奇怪呢？

這就像是很多人都說有錢人都很小氣，但實際上這些有錢人的個人行為，可能有些不討喜。但他們之所以有錢，就是因為他們做了很多人不願意做的事情，所以他們創造了財富。

大多數人在做跟賺錢相關的事情時，第一件事情想到的就是，我可以賣出去多少個，滿腦子關心的都是自己，想的都是我可以賺到多少錢。

賺錢沒有錯，錯的是，關心錯主題了。因此，大多數人只能追著錢跑。因為他們不知道誰要來買單。

但是被大多數人認為很貪婪的有錢人，就不是如此了。當他們開始一門生意時，第一件事一定是先確定——有多少人需要這個產品？這個產品可以改善客戶的生活、或是任何問題嗎？

如果答案是肯定的，他們才會出手做這門生意。

你看出差別了嗎？

有錢人關注的是，我的產品能夠幫助到別人嗎？因為他知道要幫助誰，而願意被他幫助的客戶就會付錢給他，來購買他的服務解決問題。而苦苦追求業績的人，因為他不知道要幫助誰，他想的是我要賣給誰，所以就會被當成討厭的推銷員了。

相信到這裡，你可以看出差別在哪裡，對吧？關於這整個生意心態，Terry 老師在書裡面有很深的著墨，相信你好好閱讀，一定可以從中獲益許多。

或許你會想，我就是用這個想法在做生意了，但還是沒有辦法透過網路賺到錢啊！？

別擔心，這個問題在這本書的後半部也有講解到。

大多數人無法透過網路賺錢，第一個問題是沒有正確的心態。第二個問題是用錯了工具。例如：很多人教導透過軟體去加好友，一個加一個，製造好友假粉絲，製造人氣的跡象。而實際上用這個方法賺到錢的有幾個呢？

答案是！只有一個。

是的！你應該想到了，只有賣這個軟體的廠商賺到錢。

原因很簡單。你有沒有曾經在 FB 看過任何一則廣告，或是朋友的貼文分享？這個貼文很有趣，但是一進去後，你卻發現這不是你要的，你就立刻關閉了這個頁面。

相信你一定有這個經驗對吧！

會三秒就關閉這個網頁的原因很簡單，因為這個內容不是你要的！你要知道，在網路做生意跟實體 100% 不一樣。在實體見面三分情，而在網路上所有人的人格都被 1000 倍放大，也就是說在實體可能是一個很斯文的客人，到了網路因為沒有人認識他，他可能就會把平時被壓抑的個性釋放出來。

因此當他發現這個不是他要的，沒有酸你或罵你就算是手下留情了，關掉只是剛好。而加好友軟體只是冰山一角，還有其他如：自動部落格賺錢工具，或是自動 SEO。

我承認，的確有人可以透過這種工具，在剛開始還沒有人用的時候賺到錢，但是一旦越來越多人用了以後，這個伎倆就會被識破，客戶自然也不再對這個方法感到興趣了。於是聰明的廠商，又會發明一個新的工具軟體讓你購買，一個又一個，如此循環下去。

相信你會拿起這本書看，應該是希望可以獲得一套可以永

久使用的方法吧！

Terry 老師把我們每天都在用的方法，以及該使用什麼工具，還有正確獲得客戶的概念都寫在後面的章節上了。

當你把這本書帶回家，我要請你幫我一個忙。請忘記以前學過的網路行銷概念，因為當你學習一個新方法後，你必須要真的去用它，它才能夠幫你的事業做出真正的改變。

所以不管你是正要起步的人，或是已經有一個事業的人，這本書都是很適合你的！

網站集客 創辦人 邱閎渝

推薦序 ❺

永遠跟行業第一名學習

現在是全民行銷的時代，無論做什麼都需要行銷的知識！我跟非常多世界上最有影響力的老師以及各領域專家合作的過程中，發現每個人都很擅長行銷自己！

包括了金氏世界紀錄銷售保持人喬‧吉拉德、美國白宮首席商業顧問羅傑‧道森、世界第一行銷之神傑‧亞伯拉罕等舉世聞名的大師，都非常善用行銷學來讓他們成為世界第一！

而我本人也透過與國際大師成為合作伙伴成功的行銷我公司的品牌「創富教育」，並且讓我個人從一無所有到應有盡有！

現在是網路資訊的時代，應該把「網路」加上「行銷」才等於賺大錢，所以我也花了很多精神在學習這方面的技能！然而，我有個習慣，想要學習什麼領域就跟該領域最強的人直接合作，這是進步最快的方法……

你一定常看到某些雜誌文章，報導的是某間快撐不下去的

百年老店，靠著家中第二代，或一些創業團隊的幫助，將產品放上網路一炮而紅，老店也因此浴火重生！雖然這樣的例子看似屢見不鮮，但這些文章沒告訴你的是，有更多的人想經營電子商務，卻倒在「網路工具」這座大山面前！

事實上，電子商務時代的來臨，Facebook 已成各方兵家必爭之地，年輕人靠它創業，老品牌靠它重生，網路社群的力量無遠弗屆。但在這塊領域中，失敗的人絕不在少數，那為什麼 Airbnb 可以靠故事說出百億美元營收？為什麼星巴克推買一送一總會讓人排到門口？為什麼一間只在網路販售的手工甜點商店可以做到千萬業績？想要知道透過一台手機或筆記型電腦，能讓商品大賣的祕密，就一定要來看這本書！

事實上，我看過台灣很多網路行銷界的老師，真正讓我佩服與推薦的恐怕就只有 Terry Fu 老師了！ 我非常欣賞他的才華也很榮幸與他直接合作！因為大家都知道，我只跟行業第一以及世界第一合作！ Terry 老師就是網路行銷界的第一！

創富夢工場 創辦人 李云宏

行銷流程設計與自動化的翹楚

很高興 Terry 老師終於出書了！

在拜讀完 Terry 老師這本書之後，心裡更有著非常多的想法想要與大家分享。

和 Terry 老師認識多年了，所以非常清楚地知道他是一位品德值得信任，認真在做事、教學的人。

多年來，Terry 老師一直致力於網路行銷這樣的專業領域，尤其是 FB 行銷操作及教學，以及行銷流程設計與自動化更是國內翹楚。

相信大家都知道 Facebook 在國內甚至在世界其他國家的使用早已非常普及，但是一般人只將它用做個人的訊息發佈及聯絡通訊使用，當然這也是原本最早 Facebook 創辦人馬克·祖柏的用意，這只是一個交友的軟體平台，但是發展至今，現在全世界已有將近 19 億人使用，光是在台灣就將近 2 千萬人的使用戶！

其實這龐大人潮的聚集也同樣潛藏著巨大的商機，所謂

「人潮就是錢潮」，無論你是食、衣、住、行、育、樂，都可以只透過一台電腦或手機，只在網路上就能找到許多屬於你的精準客戶！這讓你不僅在開發潛在客戶，甚至銷售、收錢都可以在網路上完成，這實在是一件非常省時省力、事半功倍的一個大好機會！

雖然這是一個非常棒、可以增加業績、提高品牌知名度的好工具，但一般人想要使用，也必須懂得如何操作，更重要的是如果只有廣告曝光，但沒有搭配有效的行銷流程，那最後也是徒勞無功，所以不僅需要學會平台工具的操作，更要學會搭配驗證有效的行銷流程與策略，才能夠讓這個工具為你所用，創造最大的效益！

在多年前我開始開班招生做銷售課程培訓的時候，馬上碰到一個問題就是：「不知道學員從哪裡來？」

但是非常幸運地，當時有一位協助我的夥伴，他曾經參加過 Terry 老師 FB 廣告實戰班的課程，他明白了我的需求之後，協助設計了專屬於我的網路行銷流程，並且同時開始在 FB 上面刊登我的課程訊息廣告，我在那個時候沒有精美的 DM、沒有華麗的設計、沒有知名度、沒有人知道我是誰，只有一張我的照片及簡單的文字介紹，但是在不到五天的時間，透過有效地訊息發佈，竟然產生了超過 80 位的報名人數！第一次開課招生的人數也就順利達成了！而且在後續的課程招生也都達到了滿意的報名人數，這就是學會這項技能的驚人魔力，我相信

他曾經幫助過我，也一定能夠幫助到你！

　　這本書用非常淺顯易懂的方式一步一步地引導讀者了解到底網路行銷應該要如何做，而且又舉了很多的實例告訴你按照這樣的策略與流程可以產生的成效為何？是一本非常實戰的實用好書！書中很多的步驟及流程論述說明得很詳細，就如同當面向 Terry 老師學習一樣的清楚。至於精彩的內容我就不再贅述，如果你希望透過網路獲得源源不斷的客戶來源，或者是建立起更好的品牌形象，那麼就請你開始一步一步依照書中的內容認真學習吧。

華人經典智慧銷售力總教練　張世民

一台筆電啟動自由人生

　　不論你是上班族或企業老闆，以下這些是你目前的心聲嗎？

◎ 受夠每天上班打卡、下班打卡的「卡卡人生」？

◎ 厭倦人生大部分時間都奉獻給公司、奉獻給老闆、奉獻給工作、奉獻給客戶和廠商，但卻沒有自己的時間，和最親愛的家人總是「聚少離多」？

◎ 不想每天埋頭工作、開發客戶、交際應酬，希望可以自由選擇工作的時間和地點，可以想要工作的時候工作、不想工作的時候就不用工作，有更多的時間陪伴家人、做自己喜歡做的事？

　　如果上面這些至少有一點是你的心聲，那這本書就是為你而寫的！

　　相反的，如果以上講的不是你，那麼你沒必要再繼續讀下去了，放下這本書，去做你想做的事、享受你的人生吧！

　　世界變動很快，現在的許多行業，可能五年、十年前是完全不存在的；網際網路也變得非常普遍和發達，回想我上大學時還是撥接上網的時代，如今智慧型手機卻幾乎人手一機；現代人更可以說是隨時隨地都在滑手機，現在資訊取得容易、傳遞速度飛快的程度已經遠遠超乎了想像……

　　這樣的變化也讓我們每個人「充滿了機會」！

　　即使你是一個沒有雄厚資金、沒有顯赫背景的「平凡人」，但有好的想法和理念，就有可能一夜爆紅、人生瞬間改變！

　　因為網際網路的普及，讓我們每個人都擁有無窮的機會、無限的可能！

　　不論你是想創業、想賺錢、想跨國際發展、做全世界的生意，歷史上沒有任何一個時候比此時此刻更容易且快速！

　　尤其近年電商概念的竄紅、網紅的崛起、直播的熱門等等……更讓網路行銷、網路創業、網路賺錢、網路開店等「關鍵字」受到更多的重視，也讓相關的一切變得火紅！

　　我日前在我的 FB 社團「網路百萬富翁俱樂部」裡面做了一個調查，截圖如下：

Terry Fu 建立了 1 個票選活動。
3月28日

你目前最迫切想學習且對你最有幫助的是哪個主題呢？
這可以複選，如果你想學的沒有列在裡面，可以自行新增喔！

選項	票數
☐ 自動化系統（行銷流程自動化）	+146
☐ 名單蒐集系統建立（名單蒐集頁、感謝頁、自動信回覆系統、免費贈品建立）	+124
☐ 銷售文案撰寫（廣告標題、廣告內文、名單蒐集頁文案、銷售頁文案）	+117
☐ 創造流量、放大流量	+103
☐ 行銷策略、行銷流程、實戰案例	+85

其他13個選項......

你可以很明顯的看到，包括我列出的和社團成員自行新增的，總共有 18 個主題是大家想要學習和了解的，而其中最多人迫切想學習且覺得對他們目前現況最有幫助的，就是「自動化系統」的建立！這也是為什麼我想寫這本書的其中一個原因！

一旦建立了自動化系統，讓行銷流程自動化，這也代表你的成交自動化，收入當然也就變得自動化了！

聽起來很神奇嗎？還是感覺很不真實？

我想告訴你的是，透過正確的成交流程和一些軟體工具的輔助搭配，這是確實可以辦到的！而且沒有你想像中的那麼遙不可及！

我會在這本書裡和你分享我的實際案例，直接拆解給你看我是怎麼做到的！也會讓你看一些實際的證明，不論是我的或我學員的，讓你明白這一切是經過驗證、確實可行的！

13 年前，在我大四的時候我開了公司，一轉眼，13 年過去了……

根據經濟部中小企業處創業諮詢服務中心統計，一般民眾創業，一年內就倒閉的機率高達 90%。而存活下來的 10% 中，又有 90% 會在五年內倒閉。

也就是說，能撐過前五年的創業家，只有 1%，前五年陣亡率高達 99%。

很幸運的，我的公司到目前還存活著。而且已經邁入第 14 年！

我想，或許其中有一些經驗可以和你分享！

我在一開始創業的時候，腦海中的畫面是我即將創辦一家規模龐大的公司，甚至成立企業集團，有自己的辦公大樓作為企業總部，當我走進去的時候，每個看到我的人都恭敬地喊我「總裁」！

你可能會覺得很有趣，我想我完全是偶像劇和本土劇看太多了，哈哈。

不過這也說明了，社會價值觀、戲劇、媒體等等「潛移默化」的力量和影響有多強大吧！

　　實際開公司後、開始招募員工，我才發現，原來我根本就不喜歡帶人！

　　我喜歡自由自在的生活，我內心其實並不想創辦一家擁有許多員工的大企業。對我來說，開一間公司把自己綁住，那根本就不是我要的！

　　有一天我看到國外一位網路行銷老師的影片，他在影片中分享他創辦的網路事業模式，他沒有實體辦公室，他的辦公室就是他家裡或全世界任何一個可以上網的地方，他所有員工都在家工作，不論開會、客戶服務、產品銷售等一切活動全部都在線上運作！而且他一年的營收居然超過 3,000 萬美金！

　　他的事業一切都透過網路自動化，他工作是因為他想工作，而不是他必須工作！他可以自由安排自己的時間、可以每天陪伴在自己愛的人身邊，他可以想要去旅遊就去旅遊、想做任何自己喜歡的事情都可以自由地去做！

　　看到這之後大大震撼了我，我心裡想，這才是我想要的生活！

　　多年後的今天，我終於有能力擁有這樣的生活，同時我發

現這也是我許多學員和朋友們所嚮往的，如同我一開始問你的那三個問題，我寫這本書，就是想告訴你，我是怎麼找到那三個問題的答案、怎麼樣擁有讓你快樂且自由的人生！

我希望你讀完本書之後可以……

＊明白網路行銷究竟是怎麼一回事

＊學會用更有效率的方式創造業績、創造收入！

＊看到更大的可能性，瞭解運用一台電腦建立自由自在的生活是確實可行的！

現在，就讓我們開始這趟旅程吧……

Part 1 成為年收百萬的 「快樂自由族」

Part 2 破解成為年收百萬 「快樂自由族」的秘密

CONTENTS

Part 3　10大關鍵打造收入無上限的事業

Part 4　你值得擁有人生中最美好的一切

Part 1
成為年收百萬的「快樂自由族」

這可能嗎？
一台筆電賺到百萬年收入？

　　一台筆電賺到百萬年收入？這是可能的嗎？而且還能自由安排自己的時間？這真的能實現嗎？

　　「這個世界上，任何人類可以辦到的事情你都可以辦到，只要你把方法找出來！」　　── Terry Fu 傅靖晏

　　下圖你看到的是我兩個不同金流系統的後台，你可以看到 30 天的時間總共創造了將近百萬（新台幣 977,800 元 =108,300+869,500）的收入！

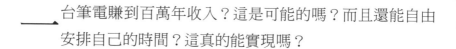

交易日期: 2017-02-19	起-- 2017-03-20	止 全部交易 ⇧

○ 交易金額 ○ 授權號碼 ○ 廠商訂單編號 ○ 綠界訂單編號 ○ 訂單資訊 ○ 備註 ○ 國旅 | 查尋:

共: 7 筆交易 | 成交授權金額: 108,300 元 關帳請款金額: 108,300 元

銷售紀錄查詢　　信用卡交易專用查詢　　跨境交易查詢

期間種類: 交易日期 ⇧　　限定期間: 不限定 ⇧　自 2017-02-19　至 2017-03-20

查詢種類: ◉ 不限定 ○ 智付通交易序號 ○ 商店訂單編號 ○ ATM轉帳帳號 ○ 超商代碼繳費 ○ 條碼繳費

開始查詢　　　重設

總交易金額: NT$869,500元
總筆數 共55筆，目前頁次第 1 頁/共6頁 下一頁

我跟你分享的用意不是要炫耀，而是想讓你知道，運用網路創造百萬以上的年收入的確是可行的！我希望讓你確實地看到這個「可能性」！

只有想不到，沒有做不到！只要有問題，就會有答案！

很多時候我們認為不可能，實際上不是真的不可能，那只是我們用過去的經驗、想法和信念給自己設定的限制！那是我們「自己想像的真實」！

在 1954 年以前，就田徑界的常識來說，四分鐘之內要跑完一英哩（約 1,609 公尺）在生理上是不可能辦到的。但在 1954 年，一位名叫班尼斯特（Roger Bannister）的選手打破了這個紀錄！

接下來，在三年之內有 16 人也成功在四分鐘之內跑完一英哩，然後在十年之間竟然有 336 人都能在四分鐘之內跑完一英哩！

原本被認為是不可能的事情，因為有人辦到了、突破了，人們的認知從「不可能」變成了「可能」，於是越來越多人都做到了！

換句話說，我們認為的極限，並非真正的極限，而是認為自己做不到的「想像極限」，也就是你大腦中對自己思想的限

制！我後面會繼續與你分享更多我辦到的事情，以及我學員們的部分成果，這樣做的原因就是希望讓你看到一個不一樣的世界、更多不同的可能性，我希望盡可能將你對自己的限制從大腦中拿掉！

就像我在前言中說的，多年前我看到那位網路行銷老師的影片，這讓我看到了一個全新的世界，並且讓我瞭解到，原來這世界有和我過去認知完全不同的工作和生活型態，這深深觸動了我，也啟動了我大腦中的開關，讓我開始努力往自己夢想中的生活邁進！

我希望這本書可以帶給你的，就像是當年那位網路行銷老師帶給我的一樣！

4月30日 1:01

謝謝老師一直以來盡心盡力的協助與無私的分享，讓我一直能學習到新的東西，最近因為這些深植於腦海的行銷觀念，在社交過程中與人閒聊分享時，幫友人的生意，提出一些行銷及生意拓展的解決方案後，竟誤打誤撞的，竟引來了二個合作案，促成了我叔叔的一個合作案，讓我又喜又慌，謝謝老師一路上無私的指導，連我這麼不成材的學生都有會有人找合作案。相信每一位同學你們也都可以。

老師謝謝你！真的很感恩！你是我生命中的貴人，帶我不斷的前進，開拓不一樣的視野，相信未來也會有不一樣的人生。

你覺得一定要很努力 才能賺到錢嗎？

當你覺得一定要很努力才能賺到錢，那代表你用的方法肯定有哪裡不對勁。

你覺得要賺錢一定要很努力嗎？或者說，你覺得要賺到能讓你過理想生活的錢一定要很努力？

好好好，我知道你在想什麼，但請別誤解我的意思，我並不是說你不需要努力就能不勞而獲！

這樣說好了，你覺得「開電燈」這件事情你需要很努力才能辦到嗎？我想對你來說應該是一件非常簡單的事情，對吧？只要按一下電燈的開關就燈亮了，不需要很努力才能做到，沒錯吧？

你有看過《上帝也瘋狂》這部電影嗎？如果今天我們請一個從來沒有接觸過現代社會的非洲土著來「開電燈」，你覺得他會跟你一樣可以很輕鬆就辦到嗎？

還是他可能要很努力去找、很努力去研究，卻還不一定能

順利把電燈打開？

再舉一個例子，你覺得騎自行車簡單嗎？ 或者你覺得游泳簡單嗎？

我想這答案應該是，如果你會的話，就很簡單！但如果你不會，那就很困難，沒錯吧？

在你還不會騎自行車的時候，或許真的很困難，但是，當你一旦學會了，你永遠都不會忘記，即使很長一段時間沒有騎，一坐上腳踏車還是可以騎得很順。

游泳也是一樣，還不會的時候覺得很難，不過一旦學會了，你也永遠不會忘記！即使你沒有常常練習，甚至很久沒游，但一下水就自然可以游來游去了。

騎自行車和游泳都是「可以學會」的技能，同樣地，賺錢也是！

只要你理解財富的本質是什麼，並且去學習創造財富的技能，那麼你最終也能像騎自行車和游泳一樣，擁有永遠不會忘記的能力！同時你真正學會了以後，那就再也不需要很拼才能賺到錢，因為你已經很清楚知道，電燈的「開關」在哪裡了！

我大學二年級的時候在餐廳打工過兩個多月，接著大四就開公司創業，一直到現在，所以嚴格來說，我這輩子沒上過

班！

在我創業的時候，我沒有學歷（大學都還沒畢業、甚至我後來還延畢了兩年，我大學總共讀了六年）、沒有背景、沒有人脈、沒有口才、沒有一技之長、沒有資金、沒有創業經驗、沒有方法、沒有人幫、沒有人看好、沒有任何資源……

我是在什麼都沒有、只有一個夢想、一股傻勁的情況下開始的，所以我想你可以想像得到，我一開始跌得很慘……我在那時候，負債就超過了新台幣四百萬以上！

這還是我有一天心血來潮，想弄清楚我到底負債多少，一筆一筆去算，包括跟人借的錢、信用卡、現金卡、貸款等全部加起來，喔，我想你可能會想問我，我當時是學生，銀行怎麼會讓我辦信用卡、現金卡這些？

因為當時還沒有所謂的「雙卡風暴」，那時候學生只要拿身份證和學生證，基本上就可以辦信用卡、現金卡了，我那時候甚至辦過一次貸款也核准下來，但是因為沒有財力證明，所以我的借款利率幾乎都是 19% 以上！就是最高的循環利息……

不過利息一直滾動，我算完之後也不會因此讓債務變少，後來債務持續累積，我估計最高的時候，應該有負債到五、六百萬以上吧！

我當時一個月要繳 20 萬才能「打平」生活開銷，而且三天兩頭被銀行催款、收到行政執行處的強制執行通知、帳戶被凍結……當時感覺自己生活在地獄裡……

你能想像發生上述一切的時候，我還只是個大學生嗎？

但現在的我，卻有了極大的轉變……

我從騎著一台三陽機車，到買了夢想中的保時捷跑車，從負債數百萬，到曾經創下一個月數百萬收入的記錄。

從沒有存在感、被別人看不起，到在網路行銷領域有了一點點影響力。

除此之外，我人在台灣，卻有來自世界各地的學員（台灣、香港、澳門、中國大陸、日本、馬來西亞、新加坡、美國、加拿大、澳洲、秘魯等……）

我人在台灣，居然能拿下國外網路行銷新產品上市業績競賽的第一名！

同時我也開始在國外網路行銷界有一點名氣。並和許多以

前我仰望著、向其學習、買過其產品、訂閱過其電子報的眾多國外網路行銷高手建立起互動關係，甚至一位國外有名的網路行銷高手（我也向他學習過、買過他的課程）主動加我 FB。

Overall Contest WINNERS

1. Winning $5000...**Terry Fu**...wow - what a promotion...easily 5-figures! A worthy winner - congratulations Terry.
2. Winning $2000...**Sam Bakker**...awesome as always - $20k of sales! $1500 speed contest prizes *also* coming your way Sam...
3. $1000...**Richard Fairbairn**...really strong promotion throughout, appreciate the support.
4. $500...**Precious**...great push to rise up the leaderboard, $500 coming your way.
5. $300...**Tracey Meagher**...another brilliant promotion, thanks for your support again Tracey
6. $200...**Chad Eljisr & Mark Hess**...jumped up to 6th on the last day. Loved the Facebook posts! Great to have you on board guys
7. $125...**Brad Stephens**...awesome bonus page and great use of FB ads too Brad.
8. $100...**Neil Napier**...strong promo as always, thanks Neil
9. $50......**Steve Rosenbaum**...great push throughout!
10. $25...**Mark Dulisse**...awesome support, appreciate having you on board Mark!

我還受邀到台灣最知名的聯盟行銷平台——通路王總部分享成功經驗，請見左圖。

網銷成績好到被《經濟日

報》專訪，如下圖所示：

專題｜Feature

經濟日報　2016年4月23日　星期六

透過網路自動化
銷售關鍵秘訣

Terry Fu人稱「網路行銷魔術師」。

Terry Fu（傅靖晏）老師，提供國內企業諮詢、個人教學、團體授課，並持續培養後網路創業家。

Terry Fu傅靖晏
網路行銷魔術師

● 杜奇璁　圖／遠宇國際提供

近年來政府大力推動青年創業輔導，甚至設立創業服務據點以「行政院青創基地」，主要是鼓勵企業及年輕人勇於創業。而在國際上，Terry Fu（傅靖晏）則是推廣網路行銷創業的重要人物。

網路競賽
擊敗全球高手奪冠

Terry Fu人稱「網路行銷魔術師」，他在去年10月參加一場國外網站舉辦的網路行銷競賽中，擊敗來自全球各國高手，拿下第一名寶座為國爭光，還曾創下透過網路銷售，10分鐘內獲得新台幣營收245,000元、一天營收超過60萬、兩天營收超過百萬的輝煌紀錄，而且在48小時內利用網路，將100張2015年世界華人八大明師門票銷售一空，也因此他個人Facebook粉絲團累計持近3萬名粉絲，都希望能得到他的教學分享指導，完成創業夢想。

助人圓夢
力圖站上國際舞台

Terry Fu創業過程中曾聽到世界潛能激發大師安東尼‧羅賓（Anthony Robbins）的一段話，這段話影響了他的一生：這個世界上賺錢的方法有很多種，但沒有任何一種，比改變人的生命來得更有意義。因此他要求自己一定要透過自身所學幫助更多人，不管是國內企業諮詢、個人教學、團體授課，或馬來西亞的網路邀約等，努力持自己推向國際舞台，期許讓全世界知道，台灣有不輸國際的軟實力，並持續培養後進之秀。

Terry Fu呼籲想創業或已創業，有很多網路的推廣是用大量截發訊息的方式，這樣不僅會打擾消費者，對自身品牌更是極大的傷害。應該改變新創意新思維，有良性化的視野，同時創業並不一定要有很多錢才能開始，只要掌握已經驗證有效的系統及流程，就能用最低的成本和最短的時間，創造最大的效益與成果。這也是成功不可或缺的關鍵。

難能可貴的是，他已經擁有豐富的收入來源，卻不吝審與學員分享創業歷程與教育學生，更令許多學員們感動，且報名參加Terry Fu的課程後，他課後還免費提供學員後續網路創業問題解答，等同提供終身教育學員的老師。Terry Fu表示，他會提供教學給學員，並持續協助創業諮詢，主要是當年他創業時，並非一路順遂，也曾花過大筆學費但卻不得其門而入，甚至導致負債，所以希望透過自己的教學能成就更多台灣網路創業家。

Terry Fu傅靖晏的Facebook：http://bitly.com/ednterryfb（或在FB搜尋Terry Fu）

索取更多網路行銷秘訣：http://bitly.com/ednsp

Terry Fu（傅靖晏）
老師個人經歷

‧ IMT網路行銷創辦人。
‧ 遠宇國際企業有限公司創辦人。
‧ 擁有超過8,237人的FB社團：「網路百萬富翁俱樂部」FB粉絲專頁；「Terry傅靖晏－網路行銷的秘訣」將近3萬個粉絲個人部落格；「網路行銷第一站」累積瀏覽人數超過45萬；YouTube專屬頻道累積超過57萬人次瀏覽。
‧ 從網站一張訂單都不曾接到，到擁有自己的網路行銷公司，服務過300多家企業，10分鐘創下245,000元的營收；一天營收超過60萬！兩天營收超過百萬，48小時內把2015年世界華人八大明師100張門票銷售一空，每張面額9,800元；2014年12月和「世界第一名催眠大師」馬修史維網路合演講；2015年世界華人八大明師之一；2015年10月參加國外網路行銷競賽擊敗全球各地網路行銷高手，奪下第一名寶座；2015年12月，和中國天價培訓師劉克亞老師同台演講。

QR CODE

XV

還有登上其他媒體、廣播專訪以及創下許多的紀錄⋯⋯，這一切的改變，都是我以前所無法想像的⋯⋯

從不見天日的谷底，一直到有這樣的轉變，這轉變並非一瞬間，而是經過了將近八年的煎熬我才總算破解了其中的「密碼」！

過去的我很努力學習、也很努力實踐所學，我記得在2005～2008這三年期間，我總共投資了上百萬和各領域的世界大師學習（我知道你想問當時我的負債很多，錢從哪裡來呢？答案是，我想辦法去借更多錢，加上身上有的，一點一滴硬湊的！），學習的領域有銷售、行銷、領導、潛能激發、談判、設定目標、網路行銷等許多領域，但三年過去了，你知道我一個月能賺到多少錢嗎？

我跟世界頂尖大師學習，加上自己很努力實踐，投資了上百萬，三年過後，你猜我一個月可以賺多少錢呢？

答案是——

我可以賺到十萬！但～不是一個月賺十萬，是「一年賺十萬」！平均一個月可以賺到 8,333 元，我去兼職打工賺得都比這個多！！

我想我應該是全世界有史以來，跟世界大師學習、投資最

多，但賺最少的第一人吧！我常自嘲，這部分我應該是世界第一喔！哈哈～

我跟你分享這些，想告訴你的是，當你覺得一定要很努力才能賺到錢，那代表你的方法肯定哪裡有問題！我當時很努力很努力，不是只有呆呆的去做，我還不斷學習最頂尖、最棒的資訊，但結果卻是這樣，這說明了努力並非能否創造財富的原因！

就像我前面所說的開燈、騎自行車和游泳一樣，如果你掌握了其中的竅門，實際上創造財富、賺錢對你來說，就不再是需要持續不斷刻苦努力才能辦到的事情才對！

和Terry 結緣是從他的直播開始聽，老師的每段直播都非常有料，不只分享行銷有關的知識，也常分享人生的智慧及他一路從負債幾百萬到現在成為連德國人都想要拜師的世界級大師的整個心路歷程。

直播雖然免費但一點都不廉價，樂於分享又真心想要幫助人，遇到這樣的好老師若不好好抓緊機會跟隨學習，真的是太對不起自己。這次的百萬行銷課程真的是太超值，我終於跨出自己的第一步，在FB分享有用的資訊給朋友們，就有一點小小的成績，感恩^^。我要和朋友說我的FB沒被盜用，放心我只推薦我真心相信的東西 ^ - ^

最後和大家分享很棒的一句話：『站穩了，就是精品一件，倒下了，就是亂石一堆，放棄了，你就是笑話一段，成功了，你就是神話一曲，挺住了，你就是人生最美的風景線！ 生命中有很多事情足以把你打倒，但真正打倒你的不是別人，而是自己的心態！』

「快樂自由族」的生活是怎麼樣的？

我前面提過，我一開始開公司創業的想法是想創辦一家規模龐大的公司，甚至成立企業集團，有自己的辦公大樓作為企業總部，當我走進去的時候，每個看到我的人都叫我「總裁」！

所以當時公司一開始要成立的時候，我確實是以這樣的想法在規劃的，但是後來真的開始招募員工、訓練員工、帶人，我發現我是開了一家公司來綁住自己……

這時我也才意識到，或說體會到，原來這樣的生活不是我想要的！

我想要的是自由自在的生活，就像我後來看到的那位網路行銷老師的生活一樣，可以一切都透過網路自動化，我可以想工作的時候就工作、想休息的時候就休息、想玩樂的時候就玩樂，同時我想在哪裡工作就在哪裡工作，不受時間地點的限制，我希望可以自由安排自己的時間、有更多的時間陪家人、想做任何自己喜歡的事情都可以自由的去做，這才是我要的生

活！

這也就是我所謂「快樂自由族」的生活！

快樂自由族不被傳統的工作型態束縛，全世界任何一個角落都可以是他的辦公室！也是他的遊樂場！所以他可以很快樂、自由地過生活，最主要的，是他能夠擁有百分之百的自主權，一切都由自己決定，不再需要看任何人的臉色過生活！

他們不用為了生活，而勉強跟自己不喜歡的人共事；不用為了生活，勉強自己做根本不喜歡的事情；他們也不用為了生活，犧牲陪伴家人的時間！

有一次我受邀到馬來西亞講課，在往桃園機場的路上，我突然有很深的感觸，就是許多人都是為了賺錢、為了生活而工作，所以我們花了很多時間跟同事、跟上司、跟客戶在一起，我們跟這些對自己人生來說不是最重要的人「聚多離少」，但卻跟自己愛的人、自己的家人、自己的孩子「聚少離多」，想到這邊，我真的覺得非常感慨，那時候我就告訴自己，我想要讓更多人知道，「快樂自由族」的概念，我希望能讓更多人看到不一樣的世界、不一樣的生活型態，讓更多人重新思考自己的人生，進而有機會拿回人生的發球權！

你有假日出遊的經驗嗎？

　　每到假日，旅遊景點到處擠滿了人，尤其是連續假日期間，人潮更是擠爆了！高速公路塞車、各地人多車多，出遊反而變成一種煎熬，甚至你想要和你的另一半、你的家人出門來個三天兩夜小旅行，連飯店房間可能都不容易訂到！

　　而且假日或旅遊旺季的時候，飯店房間的價格也都比平日來得貴，旅遊景點滿滿的人潮也讓遊玩品質大受影響，對我來說，看到滿滿的人、車，我完全就不想出門了……

　　所以其實我最不喜歡的就是假日，尤其是連假，這時候我大多都待在家裡，除非有演講或課程我必須出席，不然我幾乎是不出門的！

　　我喜歡平日的時候出去，不論是出去旅遊、逛書店、逛百貨公司及賣場，或是我很愛的看電影，幾乎你可以享受「包場」的感覺！因為平日人潮較假日少了很多啊！

　　曾經有一次我去看電影的時候，記得那時候看的是鬼片，整個影廳裡面連同我只有四個人，那樣的感覺真的很「刺激」，坐我前排的女生看得尖叫連連，我覺得她的尖叫比電影可怕多了。＞＜

　　我的意思是說，不用去人擠人，而且花一樣的錢，可以享受更好的品質，這是我很喜歡的生活型態！而且通常平日的時段，旅遊、住宿等等都會較假日的花費更便宜，你不覺得這樣

的生活很棒嗎？

這種「快樂自由族」的生活，這也是你想要的嗎？ ☺

Terry Fu 看完你寫的一字一句，我感受到了滿滿的感動，也對你說的明天和意外不知道哪個先到很有感觸，很開心聽到你爸爸狀況好轉的好消息！

感覺你爸媽都是很棒很有智慧的人，也真的很令人敬佩！

謝謝你和大家分享的字字句句，我也受益匪淺，謝謝你！ ☺
讚・回覆・👍 1・1月16日 23:37

    老師真心的想幫助大家成長進步,我想當天上課的同學們應該都可以感同身受,其中有一位同學感動到哭了,說老師沒放棄她,當下我也差點要哭了;
人心其實是很敏感的,這個人是真心想助人,還是有意圖的,人心自然會判斷,心正自然會吸引正能量的人事物到你身邊,不好的人事物會自動遠離我們的身邊.
感謝老師指導,有你真好^^
收回讚・回覆・👍 1・1月17日 9:28・已編輯

你也可以成為「快樂自由族」

大約十四年前，我認識一位非常成功的人士，我把他視為我人生的標竿，因為他擁有當時我所想要的一切……

當時的我和現在一樣，很喜歡也很想幫助別人。在一次偶然的機會下，他和我分享了一個觀念，直到十二年後的今天，我仍牢記在心、不曾忘記……

他告訴我說：「你喜歡幫助別人這樣很好，沒什麼錯，但是你每個人都想幫，最後反而幫不到任何人；唯有你把自己收入衝高、讓自己過得好，這是很多人都可以看到的，這樣你才是真正激勵並且幫助到最多人！」

認識我夠久的人都知道，我以前只分享我學員的成果，鮮少分享自己的。但你在前面有看到我和你分享我的部分成果、我辦到的事情，我也會在演講、FB 上不時分享我自己創造的成績和記錄。

我這樣做，目的不是在炫耀、更不是只關注自己的收入。

如果你有長期關注我的 FB 動態（https://www.facebook.com/terryfu101）

我相信你會知道，公益捐款、慈善、幫助學員等等我都持續在做，而且還有很多都未公開分享在動態上⋯⋯

有次公益演講結束後，我和幾位講師去吃飯，席間被問到：「你這樣輔導和幫助學員，要做到什麼時候啊？」

我說：「到我生命結束的那一刻為止⋯⋯」

我為什麼會做教育培訓這一行？

其實我不做這一行，也不會餓死，但會持續堅持在這邊，是因為我個人的命運就是因為教育訓練而改變！

我相信教育可以改變人的思考模式；訓練可以改變人的行為模式。兩個人之所以成就不同，是因為他們腦袋裡的東西不同。所以投資大腦、投資教育，絕對是改變人生的關鍵！

過去我曾負債超過 400 萬，每個月需支出 20 萬才能打平生活開銷，我之所以能走過來，擁有今天所有的一切成果，都是因為我去上課學習、都是因為教育訓練！

所以我也希望幫助那些和我過去一樣的人改變他們的人

生！

多年前聽陳安之老師的演講 CD 時聽到一段話，他說他聽到安東尼‧羅賓講的這段話，下定決心一輩子做這個行業，這段話是這樣說的：

「這個世界上賺錢的方法有很多種，但沒有任何一種，比改變人的生命來得更有意義！」——**安東尼‧羅賓**

同樣的，我深受這句話的感動也決定一輩子做教育訓練這個行業……

這也是另一個為什麼我會寫這本書、為什麼我從 2009 年以後開始做網路行銷的教育培訓，並且也開了相關課程的原因了……

很多時候，我們對很多事情，常會「太快下結論」。

這些年來的經歷提醒我，每個人的背後都有他的故事。他做的任何事情，都有他的動機、原因和理由，誠如電視劇「光陰的故事」裡面孫一美說的：「這個世界，在我們沒看到的地方，發生了很多事情是我們不知道的。」

我相信每個人當下所做的每一個決定、每一件事情都是他那時能做的最好的決定，也是每個人權衡之下所能做的最大的「善」。

所以有些時候，我們以為的正義，其實很傷人。這讓我體會到，凡事不要太快下結論，仔細觀察、用心傾聽、全盤瞭解；你會發現，很多事情和你想得可能完全不一樣，你說是嗎？

回歸到我們自己身上，我現在辦得到的一切，也曾經是我過去連想都不敢想的，但我從那負債的深淵中走出來了，我相信我可以辦到，你也絕對可以！

「任何人類可以辦到的事情你都可以辦到，重點是，你要把方法找出來！」

接下來，我就來和你分享，網路行銷究竟是怎麼一回事，我究竟是怎麼辦到的……

你是要轉行了是嗎？感覺這老師很強。
讚・回覆・1月8日 23:52

今年是我的突破年,你可以先去Terry老師的FB看看,你就知道他有多強了..晚點再來貼我上課的心得. 重點是照著老師說的做,真的會賺錢..我真的親眼見證到,雖然錢不多,但我跨出我的第一步,才2個小時的貼文就有單子進來了,太興奮了...

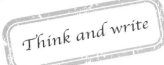

你想要過什麼樣的生活型態？

你渴望的人生應該是什麼樣的呢？

明確你要的是什麼，這是你最重要的事！

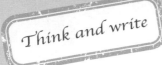

你過去給自己的限制是什麼？

（例：覺得一定要很努力才能達到理想中的收入目標……）

Think and write

你要從現在就開始做出改變、
往你的夢想邁進嗎？

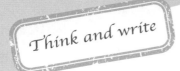

Think and write

Part 2

破解成為年收百萬
「快樂自由族」的秘密

從負債 400 萬到成為
快樂自由族的三大關鍵

我從過去負債超過 400 萬，到現在有一點小小的成績，中間經歷了很多，我也學習到了很多，在這邊我想和你分享三件事，這是我在這十三年的創業過程中學到的許許多多事情當中，我個人覺得最重要的三大關鍵，希望能對你有一些幫助和啟發！

其實要在我學到的一堆寶貴教訓中選出三點，真的幾乎是個「不可能的任務」！

或許要把我這十三年的經驗一次分享完，可能七天七夜都不夠吧！（哈哈 XD）

我知道訂閱我電子報、關注我的學員和閱讀本書的你，來自於各種不同的行業和背景，也來自許多不同的國家。

或許每個人要的都不一樣，可能你想要的不是創業，只是希望透過網路多賺一些收入，當然也有想要創業或已經創業的創業家，還有些是公司經營得有聲有色的企業老闆、想要更上一層樓的……

不論你的現況是什麼，我想你會拿起這本書來閱讀，你想的其中一個重點應該是：希望自己的事業、自己的人生可以更好，對吧？

這三大關鍵重點，我特地挑選了不論你處在上面我說的哪一種狀況或身分，都能適用、對你都會有幫助的！

當然也有可能你會覺得我分享的是「老生常談」。但之所以會不斷被提起、那代表它或許就是真理，不是嗎？

而且大部分人就只是聽，然後說我知道了……但是卻從來沒有真正徹底的實踐在生命中、讓它變成習慣、變成反射動作，沒讓它變成你生活中的一部分。

更重要的是……

你的生命沒有改變、沒辦法活出你想要的理想人生！

那實際上，你知道和不知道，似乎沒什麼差別，不是嗎？

更直接一點地說，如果你說你知道了卻做不到，那只是代表你沒有「真正學會」、根本「不懂」這件事罷了！

啊～一個不小心似乎說得太多了。

我們回到今天要談的第一個關鍵吧！

♞ 關鍵 *1*：實踐的速度

很多人想要成功，而且希望成功的速度越快越好，但是卻沒弄懂影響成功速度的關鍵是什麼！如果你不知道影響成功速度的關鍵，那你要如何加快自己成功的速度呢？

影響成功速度的因素有很多，我今天想和你分享我個人覺得非常重要的一個，那就是——

「實踐的速度」！

我想你明白學習對於成功的重要性對吧？

為什麼有些人上了很多課、看了很多書，感覺非常認真好學，甚至你在很多上課的場合都看得到他的身影，但一年過去了、兩年過去了、三年過去了，甚至五年、十年過去了，你發現他卻一點改變都沒有！

他一樣負債、他一樣缺錢、他的問題每一年都一樣，居然沒有任何改變！這到底是怎麼回事呢？

答案很簡單，因為大多數的人喜歡學習，但不喜歡「練習」！於是變成思想的巨人，行動的侏儒，變成打得一「嘴」好球的人！

另外有些人他學習了之後有在實踐，他請教了別人之後有

真的去做，但是行動的速度～異～常～緩～慢～

所以多年時間過去了，你幾乎看不出來他有什麼改變！

或是他可能在行動的過程中遇到問題卡住了，他沒有去找出答案，反而遇到問題卡住就停滯不前，被問題解決了……

現在，請問問你自己：有常常閱讀、常常上課、常常保持學習的習慣嗎？

更重要的是，你閱讀、上課學到了新的觀念、新的策略、新的技巧之後，是不是有確實付諸行動呢？是選擇性的實踐？還是紮紮實實地聽話照做呢？

更重要的是，從你學到新的觀念、新的策略、新的技巧之後，到你開始執行、確實去實踐，中間間隔了多久時間呢？

從學習了之後，到實踐的時間差越短，你的結果會越明顯、越突出！

你會更快的產生結果、你會有更多次調整的機會，當然也有更充裕的時間去修正你所做的一切！

有句話說：「兵貴神速。」也有句話說：「天下武功、唯快不破！」

「實踐的速度」是決定你成功速度很重要的一個關鍵。

你～掌握了嗎？

關鍵2：不要什麼都想靠自己

第二個我想和你分享的關鍵，這也是我這些年來學會的一件非常重要的事情，這可以說改變了我的一生！

這件事就是：不要什麼都想靠自己！

先別急，讓我和你分享這句話的意思吧！有時候同樣一句話，每個人的理解都不同，你能認同吧？

我從小就被教育一個觀念，那就是什麼都要靠自己，而不是靠別人。靠山山倒、靠人人老，靠自己最好！

這聽起來應該是很棒的一個信念，對嗎？

當然每一件事情都能有不同的角度去看待和解讀，因為不同的角度去看，答案就不一樣，這世界沒有百分之百的真理，一切都是相對的，端看你站在什麼角度、用什麼立場去看！

那麼，我說的不要什麼都想靠自己，是用什麼角度去看？怎麼說呢？

創業初期，我幾乎什麼事情都親力親為，什麼都想靠自

己，因為覺得很多事情我自己做可以做得最好，其他人都沒有我做得好，與其要交辦事項、麻煩其他人，我覺得倒不如自己做還比較快。

因為那時候是抱著這樣的想法，於是我超忙也超累的，所有的責任都攬在自己身上，不放心給其他人分擔、不放手給其他人做，導致我自己壓力很大，感覺總有做不完的事，感覺公司發展緩慢……

那時候的我也知道英雄無用，貴在團隊，我也知道生意要擴張，團隊合作很重要。

蓋一棟摩天大樓不可能只靠自己一個人，沒有人可以一個人包辦所有的事情，成功不只是靠自己，更是要靠別人啊！

雖然我當時知道這些，但就只是「知道」而已，我並沒有真正「悟到」這件事，也就是我根本沒有「懂」！

另外一個非常重要的點，或許對你和對很多剛剛起步的朋友來說更重要的，就是：想要靠自己摸索成功！

這和我們前面說的不要什麼都想靠自己其實是同一件事，只是在不同的層面上罷了……

我每年都會投資至少新台幣 120 萬以上在「買書、買課程」上面，也就是投資自己的大腦、學習成長！

你知道我常看見的兩大問題是什麼嗎？

第一個問題就是很多人想要成功、想要賺更多錢，但是居然不願意花錢投資自己的大腦，想要都靠自己摸索！！！

我過去曾經負債超過 400 萬新台幣以上，那時候我被錢壓得喘不過氣、看不到未來，感覺生活在地獄裡面一樣痛苦……

當時我就很清楚，如果我維持一樣的想法、每天做一樣的事，卻期待有不一樣的結果，那是不可能的！

我必須要學習更快速、更有效的方法來賺錢，我才能脫離負債、脫離地獄般的生活。或許我能靠自己摸索找出成功的捷徑和方法，但萬一我找不出來呢？或是萬一我要花五年、十年，甚至更久才能找出來呢？

就像我創業到現在滿十三年、邁入第十四年了……

假設你想要創業、想要學習網路行銷，你現在有兩個方法可以得到跟我一樣的資訊：

★ 第一個是靠自己摸索、經歷負債、經歷許多錯誤的嘗試、花費十三年的時間……

★ 第二個方式是你可以直接花 10 萬塊，上三天的課程，然後

我把這十三年來的學習和經驗全部傳授給你。（基本上沒有這個課程，我是舉例喔。）

我想聰明如你，你不會選擇要自己花十三年摸索，而是直接用最快速直接的方式取得這些知識、經驗和教訓，對吧？

有句話說時間就是金錢！但我希望你記住，時間不等於金錢，時間永遠「大於」金錢！因為時間是一去不復返，用再多錢都買不到的，時間就等於是你的生命啊！

另外我常看到也常被問的第二大問題就是：「我知道上課學習很重要，可是我沒有錢、沒辦法上課啊！」

這問題問得很好，我當初還在讀大學時就自己創業。那時候我不止沒錢，還負債幾百萬，你覺得即使那時候我知道學習很重要，可是我沒錢又負債幾百萬，那我要怎麼上課學習呢？

我這樣問你吧，假設你說你沒有錢上課去學習最新、最好的方法來加快你賺錢的速度，那麼你真的覺得現在沒錢、以後就會有錢了？

記得我前面所說的嗎？

每天做一樣的事，卻期待有不一樣的結果，那是不可能的！

我們再想一個狀況，如果你說你沒錢，但是你最愛的人（可能是你的父母、你的另一半、你的孩子），他們需要你在三天內拿出新台幣 500 萬，否則他們就無法繼續活下去，那你能籌出這 500 萬嗎？即使你現在沒那麼多錢？

（不論是什麼原因需要這樣，但這邊我主要是希望你想像一下如果在這種情況下，你能辦到嗎？）

我相信答案會是：你絕對可以！你無論如何也會想盡辦法籌出這筆錢，對吧？

那你現在覺得沒錢仍然是讓你無法上課、沒辦法去學習更快、更有效的方法來加快你成功速度的理由嗎？

或許你還年輕，你還有很多時間可以慢慢摸索成功，但你的父母親有那麼多時間等你嗎？你還想讓你最愛的另一半等多久才能做到你承諾要給他／她的幸福呢？借力使力少費力、不要什麼都想要靠自己！

以上說的兩個面向，都是我學到非常寶貴的教訓，希望你不要只是聽一聽就算了，而是要把它變成你的一部分，徹徹底底地實踐它！

相信我，你的人生，將會像奇蹟一樣快速且天翻地覆的改變！

關鍵3：系統和教練

接下來我要跟你分享最後一個關鍵。

我前面說了很多次，這個世界上，只要人類可以辦到的，你就可以辦到！重點是，你要把方法找出來！

那麼我是怎麼辦到這一切，改變我的人生呢？

因為我相信既然有人能做到，代表肯定有方法！我聚焦在問題解決上，而不是擔心害怕上。（當然還是會擔心害怕，但我努力讓自己不要把焦點放在上面）

後來我發現一個重點！原來成功是有跡可循的，而且每個行業的成功關鍵都是一樣的！

所以這最後一個關鍵就是──

「你要擁有一套證實有效的系統和能幫助你達成目標的教練！」

看看我從負債累累、什麼都不懂，一直到創下了這麼多的紀錄和成績。你覺得這是偶然的嗎？因為我運氣好，隨便做一做剛好就成功了？

不‼這一切是因為我找到了一套證實有效的系統，就像

一份食譜一樣。你照著食譜去做,即使做出來還沒到達完美的境界,但至少會有一定的水準,再加上有好的教練指導你、協助你調整,接著你持續不斷地練習,到最後你會越做越好,不是嗎?

但如果你沒有這套系統,就像你開車到陌生的環境,沒有衛星導航一樣,你要找到目的地要花費的時間和精力,可能就會大幅地增加!

這邊我想要和你強調的是,你必須是證實有效的系統和能幫助你達成目標的教練「同、時、擁、有」!這樣才能讓你最快速往你的目標和夢想正確地前進!

為什麼我特別強調這點呢?

前面有提到我在 2005 年的時候開始向各領域的世界第一名學習,三年下來,我花了上百萬新台幣的學費,但三年過後,我的月收入平均只有新台幣 8,333 元,連學生打工族都比我賺得多……

我那時候在想,我投資自己那麼多錢,很努力學習,也很認真實踐,可是結果怎麼會是這樣?

後來我總共大概花了七年多、快八年的時間,總算找到了屬於我的系統,讓我擺脫了地獄般的生活……

可是我仍然在想，為什麼這一路上那麼辛苦？為什麼上了那麼多課、花了那麼久的時間才讓我人生改變呢？

於是我悟到一個道理，雖然我投資了很多學費和各領域的世界大師學習，可是因為他們都是外國人，可能好不容易來到台灣演講授課，我學習完之後回去實作，才發覺有好多問題。你知道如果你真的有落實去做，你才會真正遇到問題，通常聽完課講師在台上問有沒有問題，你都是沒有問題的，因為你還沒去做，根本不知道問題在哪裡，根本不知道要問什麼！

可是我去做了，並遇到問題了，這時候真正更大的問題才出現，就是我找不到人問！！！

老師講完課回去了，我的問題誰來解？

所以我只能等老師下次再來開課，我再繳一次錢報名，然後運氣好我可以問到我的問題。

那運氣不好呢？就要等老師下次再來了！就算這次運氣好問到了，回去實作我又發現問題，那老師講完課回去了，我要怎麼問呢？

這就是我花了快八年時間才悟到的一個重要原因啊！

也因此，我的課程都會提供學員專屬社團或群組可以提問交流，因為我有切身之痛！我不希望我的學員也經歷這樣的痛

苦……。

這就是我說你一定要兩者同時擁有的重要原因！

因為你有一個已經達成你目標的教練，他可以指引你、協助你克服夢想之路上遇到的問題和挑戰，這是非常、非常、非常重要的一環！

以上這三大關鍵就是我想要和你分享的，也是我多年來深刻體會到、學到很重要的教訓！

我不知道你會不會把它們記在心上，然後徹底地去實踐。但至少對你有個提醒，對你有些幫助和啟發，那麼我想我寫這些就值得了！

 Terry Fu 剛剛看到手機跳出你的貼文通知，讓我覺得又驚又喜，你真的跨出第一步了！而且這麼快就採取行動，著實讓我佩服！我相信今年會是很不一樣的一年，也將是你人生到目前為止最棒的一年！一起加油！未來期待碰撞出更多火花！

讚 · 回覆 · ❤ 1 · 45分鐘

絕對會的。和你談話的這幾個小時比我過去花了上百萬在各式各樣的課程裡還更有價值。聽了你的故事及創造出的成果，深深激勵著我。蝴蝶效應已在我心裡發酵。我會將我的生命貢獻給我身邊對我有期望及愛我的人。

讚 · 回覆 · 28分鐘

Terry Fu 你這段話讓我覺得很感動！我相信你會做到！同時希望除了貢獻給你身邊對你有期望及愛你的人以外，別忘了最關鍵、更重要的那個人，就是「你自己」！我們沒辦法給別人我們沒有的東西，所以我們必須先愛自己、才有能力愛別人，先讓自己過得好、才有能力讓別人好！一起加油喔！

讚 · 回覆 · ❤ 1 · 9分鐘

謝謝老師的提醒。果然一針見血。我會銘記在心 🖤

收回讚 · 回覆 · ❤ 1 · 3分鐘

Terry Fu 太棒了！ 👍

讚 · 回覆 · 2分鐘

五步驟打造你的「快樂自由族」人生！

接下來我們來分享，怎麼樣打造你「快樂自由族」的人生！如果你想要成為快樂自由族，拿回自己人生的主導權、讓你的未來可以變得更好，那麼我認為，接下來的五個步驟對你來說非常的重要，這五個步驟也是我這十多年來創業以及輔導學員和企業的經驗總結出來的！

我認為你只要透過這五個步驟去實踐，那麼你就能往「快樂自由族」的目標開始邁進！

這五個步驟非常重要且缺一不可！同時你必須一步一步地照著做，不能一下子從第一個直接跳到第三個、跳到第五個，你一定要一步一步按步就班地走。

在實行的過程當中，你所走的每一步會令你得到不一樣的體驗和經驗。

大部分的人沒有辦法成功，是因為他「選擇性」去執行他所學到或他所該做的！

選擇性的去執行實際上是一個非常大的問題！你可能聽到了某個想法、學到了一些策略與方法，你覺得很棒，你認同了這觀念，於是你照著去做；但有些時候，可能和你的想法或與你預期的不一樣，或是你學的時候覺得很重要，但是要做的時候你又覺得很麻煩，或是你不喜歡，覺得要這樣去做好累、好辛苦喔……

於是你選擇性地去做、挑你想做的做，不想做的就跳過，但實際上這樣選擇性的行動往往沒辦法讓你達到你理想中的成果，這就像是你要打一通電話給你的朋友，假設他的電話是 0912345678，你要打電話找他，你完全按照順序 0912345678 打給他，那是不是電話接通後，他的手機會響；你能找到這個人，對吧？

但是如果你今天把電話改成，0921345678，你打過去之後，你覺得會接通到同一個人的電話嗎？

我想你很清楚，答案當然是不會！

奇怪，明明每個數字都有按、每個步驟都有啊，為什麼不會接通到同一個人的手機呢？只不過是把 0912 改成 0921，那為什麼這樣就不行了？

這也很像做菜時，食譜上明確寫明烹調的順序，如果你每一個步驟都有做到，但是順序顛倒了，你覺得煮出來的菜味道

還會一模一樣嗎？

從電話號碼和做菜的例子你應該就能理解，一個小小的順序不對，結果就會不一樣！

所以接下來我要和你分享的非常重要，你要一步一步按照順序去做，你不能選擇性地去做、只做你想做的部分，你也不能跳過這些順序或把順序隨意變動了，不然就會像我們剛講的打電話一樣，你會打不通！

我們有共識了嗎？約定好了？

好，那接著我們就開始來分享打造「快樂自由族」人生的五大步驟吧！

1月16日 17:01 ·

高規歷史性的行銷課程上報囉！

感謝自己的明確抉擇，即使要大考，沒時間讀書，也要來上歷史性的課程，不僅學到網絡行銷觀念與技巧，做人的道理與態度，更有行銷實作，學員當天紛紛開出佳績，也讓我在不到兩小時內創造8筆銷售紀錄。這是歷史性的一刻，感謝支持我的朋友們！

那一天，我們互相承諾，2017要達到年收百萬。感謝Terry老師團隊的付出，更開心的是，我們有了一群可以互相鼓勵，資源對接共享，學習路上共修的好夥伴！

這位學員分享中提到的課程是被聯合財經網報導，報導截圖如下：

「達宇國際」創辦人傅靖晏(Terry Fu)在W-Hotel舉辦高規格「網路行銷」實體課程，親自指導學員。 圖/達宇國際提供

「達宇國際」創辦人傅靖晏(Terry Fu)，日前在台北知名頂級五星飯店W-Hotel，舉辦「網路行銷」實體課程高峰會，該會議是國內少數租用頂級場地開辦網路行銷教學的案例。在連續兩天課程中，傅靖晏不僅親自教學並指導學員實際操作，更提供高級Buffet晚宴，讓學員互相交流學習心得，整場課程的內容與規格之高更是相當罕見。

傅靖晏從事網路行銷教學多年，培養出不少優秀學員；傅靖晏表示：這次舉行的課程，主要是分享他的網路銷售策略與行銷流程，而這樣的商業模式，已經讓他和學員累積超過百萬美金的營收，選擇在五星級飯店舉辦，是希望學員有良好的學習環境，並透過他現場指導實作，實際協助學員如何正確透過網路完成銷售流程。而在兩天課程中，有不少學員透過實際操作，就有人獲得近萬元收入。

近來因為行動網路的便利，衍生出許多新形態的商業模式，許多中小企業更積極網羅「網路行銷」人才，企圖轉型並積極投入網路事業。傅靖晏曾多次參與國際網路行銷競賽，成績斐然，故有「網路行銷魔術師」之稱；他表示：此次課程非常感謝學員的參與，不排除日後續辦的可能。

報導網址 ➜ snip.ly/8zh0o

第一步：把你的目標具體化

第一個步驟，非常重要的就是——
把你的目標具體化！

如果你常常上課學習，或是你看了非常多教你如何成功的書籍，或許你會覺得，把目標具體化聽起來好八股喔……這個感覺就是「老生常談」嘛。

來，我要再次跟你講一件非常重要的事情就是，老生常談之所以會是老生常談，那代表它有一定的道理，所以它才會一直被提出來講！

也就是因為這樣，你才會常常聽到不同領域有成就的人、不同領域的成功者，講一樣的事情，你可能聽到耳朵都要長繭了，可是重點是——你有沒有真正做到了呢？你有沒有很確實地去實踐它呢？

我在講課和學員分享的時候，常會問他們說：「我們都知道目標很重要對不對，那請問一下你有沒有一個明確的目標呢？或者說，你有沒有一個很明確的夢想呢？」

以前如果有人問我人生中最重要的夢想是什麼？ 或者問我的目標是什麼？

有一段時間的我，完全無法回答這個問題，我完全不知道自己的夢想是什麼……

除了這個以外，即使有人問我目前短期的目標是什麼？能不能很具體的告訴他？我還是無法回答這問題……

同樣的，我在課堂上問學員說：「你能夠很具體、很清楚地告訴我，你的夢想是什麼嗎？」

大部分的人其實都不行！他們腦袋裡沒有這樣的資訊！所以如果你的腦袋裡完全沒有你的夢想、沒有明確的藍圖和畫面的話，基本上你不太可能達到那樣的成果，因為你腦袋裡面根本沒有那樣的畫面和資訊，所以你不太可能做到，你也不可能引導自己往那個方向去走，因為你完全不知道要去哪裡！

這就很像我們有一個 GPS 導航在手上，如果你沒有輸入你要去的地方、告訴它目的地在哪裡的話，那麼它有辦法幫你規劃出路徑要怎麼走嗎？

答案當然是否定的，對吧？

所以首先，大部分的人都沒有明確的目標、沒有明確的夢想！

再來，我跟學員說，不然我們先不要一下子講那麼大、不要談什麼人生的夢想。大家可不可以告訴我，你「今年」最重要的目標是什麼？或者未來三年，你最重要的目標是什麼？你能不能很明確、很具體的告訴我，你的目標呢？

我想你知道的，大多數人仍舊答不出來……

我常說，你在設立目標的時候，必須要有三個重點：

第一個重點是這個目標必須是你真心想要、是你真正渴望、會讓你感覺熱血沸騰的！

很多時候你寫的目標根本不是你真正想要的，那只不過是你被社會價值觀所灌輸的一個想法。比方說有人會講他的目標是月入十萬、月入百萬！要開名車、住豪宅、要環遊世界！

可是你仔細靜下心來想，這些東西真的是你想要的嗎？

事實上，這不見得是你想要的，你只不過是依循了或說接受了社會普遍的價值觀，於是你覺得這是對的、這是政治正確的，你感覺自己好像想要這些，覺得有這些好像很棒、好像人生就會很美好，但實際上你會發現你寫下來的這些，你完全沒有任何熱情，那些根本不是你真正想要的……

那什麼樣叫做熱血沸騰、你真的想要達到的夢想和目標呢？

有句話說：「每天叫醒你的不是鬧鐘，而是夢想。」

如果每天你是被夢想叫醒，你會有一種渴望，就像是你在談戀愛的時候，你迫不及待的想要見到對方！你覺得能跟對方相處、能見到你的他（她），這是一件非常美妙的事情，這可能是在你曖昧期或熱戀期的時候，你會覺得每天都很想見到對方！每次跟他相處，你心跳都會加快！

如果你是在學生時代有這樣對象的時候，你會迫不及待、每天都很想趕快去學校；如果你跟他是用電話聊天，你可能都捨不得放下電話；或是你可能用 Line、用 Facebook、用微信聊天，你不想停下來、不想關掉你的電腦、捨不得放下你的手機，這就是一種很強烈的渴望，也是一種很強大的驅動力！

所以如果你的夢想、你的目標沒辦法使你達到這樣的程度，你就該檢視一下，你是不是其實沒有那麼想要它？你寫下的夢想根本就不是你要的？或是你會不會只是因為一般社會價值觀的想法，讓你做了這個決定，以為那些是你要的？

當你找到自己真正想要的目標和夢想，它才會真正驅動你前進。讓你不斷突破自我、跨越一切障礙和挑戰，把你提升到另外一個境界！一個截然不同、煥然一新的你！

第二個重點是你的目標必須要有可以被計算的規模！

你的目標必須是要很明確、很具體的。為什麼我一直強調第一步是你要把你的目標明確化、具體化？因為具體、明確非常重要，唯有如此，它才會有力量！你也才能去衡量距離自己的目標還有多遠？你還差多少才能達到你的目標！

如果你設定的目標是要賺更多錢，那多一塊錢也是更多、多十塊錢也是更多啊！所以如果你設定要賺更多錢的目標，真的讓你每個月多賺十塊錢，這是你要的嗎？這樣你感覺滿足嗎？

你可能會說，這樣才不是我要的！但因為你沒有把它明確化，你只是說你要賺更多錢，多十塊不也是更多嗎？

這樣其實沒辦法引導你自己達到你想要的理想境界！這就是為什麼你的目標必須要有可以被計算的規模，要很具體、要很明確。

問問自己：未來一年你的目標是什麼？如果你想要賺到更多收入，你可以很清楚的告訴我，你到底想要賺到多少錢嗎？你的月收入目標是多少？你的年度總收入目標是多少？你可以告訴我這些問題的答案嗎？

這對你來說或許是一個很大的挑戰，不過也是你必須要去審慎思考的！

第三個重點是必須要有期限！

假設你說你想要賺到一百萬，實際上賺到一百萬不是真正困難之處，真正的難題在你要花費多久時間賺到這筆錢！

例如你要在一百年內賺到一百萬，那一年只要賺一萬就可以辦到了！（當然前提是要能活那麼久就是了）

但如果你要在一年內辦到，或是一個月辦到，甚至一天內辦到，不同的時間段，難度就不一樣，當然方法也就不一樣！

所以如果你沒有設定期限，你的大腦就沒有辦法聚焦，你也不會盯著你的目標積極地採取行動，那麼你設定的目標，什麼時候會達成，也就完全是一個未知數了……

這也是為什麼我會問我的學員一年內的目標是什麼？三年內的目標是什麼？目的都是要有期限，讓你可以聚焦、讓你可以衡量進度、讓你可以做計畫、讓你更清楚知道你現在該做什麼，才能朝你的目標前進！你也才能衡量，到底你距離你的目標還有多遠、你還有多少時間可以去完成它！

大部分人設定目標都沒有期限，或者那個目標不是他真正想要的，我想很多人在一年的剛開始或一年快要結束的時候應該都會寫目標、寫新年新希望。

你有沒有發現很多人寫新年的目標都很簡單，不用花費多

少時間，基本上很多人寫完了以後，下次再檢視這個目標是什麼時候呢？

通常就是明年的同個時間對吧？所以寫完了目標，下次檢視就是明年了，一年只檢視目標一次，那代表你可能一年只有一次修正的機會，而且因為不是自己真正想要的、沒有具體可以被計算的規模、沒有期限，於是大部分人無法達成目標！

每年接近年末，要寫目標的時候，就把目標重新拿出來，改個日期就好了，這就是為什麼我常半開玩笑說，很多人寫目標都不用花到什麼時間的原因了～

但我知道這樣的情況絕對不會是你想要的！

如果你想讓達成目標變成一種習慣，開始可以實現你的夢想，讓自己變成一個更容易達成目標、更容易實現夢想的人，甚至變成「絕對達成」、百發百中的話，一件很重要的事就是──要把你的目標明確化、把你的目標具體化，按照前面說的方式寫下你的目標，這樣將可以讓你達成目標、實現夢想的機會大幅提升！

我想再跟你分享一個很重要的想法，我把它稱為：**業績結算時間的魔法！**

有一天我去家樂福買了一台 42 吋的液晶電視，原本我要

買的是已經上市快一年，屬於較舊的機型。不過下訂之後的隔天下午和家人聊到這件事，想了想，決定再加 5,000 元換新款的機型，於是趁還沒送貨，趕快跑到家樂福去……

到了那邊，我們說明來意，服務人員說那要先把原本的訂單取消。由於是用信用卡刷卡購買，所以要先退刷，然後再重新下單。

這時卻遇到一個問題，這次買電視是用我媽媽的家樂福聯名卡，但她這張卡額度只有三萬塊，退刷後，要過幾天額度才會補回來，也就是說，我退刷完畢，過幾天還得再來一趟才能買，不然用其他的卡片就沒辦法累積點數及換刷卡禮……

我這個人最怕麻煩，想到要這樣跑來跑去，心裡覺得很懶，可是為了讓媽媽可以累積點數和換刷卡禮，最後還是決定要先退刷，過幾天再來買……

這時有趣的事發生了——

幫我們服務的那位服務人員請我們不要退刷！應該是說，退刷了以後，他希望我們直接用另外一張卡購買新機型的電視，不要等過幾天額度補回來後再過來買！

詳細一問，才了解到原來我們退刷的話，當天他們的業績會瞬間少了兩萬多塊。所以他們和主管討論之後，希望我們用

另外一張卡直接購買。至於我們原本可以累積的點數，換算之後他折現金給我們，刷卡禮的部分他則去倉庫拿了幾樣東西補給我們……

我們答應了那位服務人員的提議，在處理款項的過程中，我詳細問了一下他們業績結算的方式，他說他們是每天結算各店比業績，而且一天還分成兩個時段，下午五點前是一個時段，下午五點後又是另外一個時段……

業績落後的店，聽說會被「電」得很慘！！

這讓我發現到，他們所用的，就是我說的：業績結算時間的魔法！

它的意思是說，如果一家企業或是一個業務單位，業績結算時間越短，通常會越有效率、業績會越出色！

我曾經聽過有一位老師的教育訓練機構，業績結算時間是一天。如果當天有派人到各大企業做銷售演講，則以該演講結束，也就是一個小時做為業績結算時間！

據我了解，該教育訓練機構一年的淨利超過一億元以上！

再例如電視購物，它每 40 分鐘一個檔期，40 分鐘過後就換下一檔商品，所以它的「業績結算時間」是 40 分鐘！而你可能聽過，電視購物做得好的，一年的營收是幾十億，甚至

有上百億的！

前述的家樂福，由那名服務人員所述，他們家電部門業績結算時間是半天（一天結算兩次），而且還要和其他店競賽，這都是讓業績成長很有效率的做法！

我認為業績結算時間越短，效率之所以會越高，這和人性息息相關……

如果業績結算時間拉比較長，大多數人會覺得反正時間還有很多，慢慢來沒關係，所以前段期間業績通常不會太好……

但到了業績結算截止之前，就會開始激發潛力，人也就積極起來，要把還沒達到的業績目標補足！

以前讀大學的時候這種情況也很明顯，期中和期末考的前一個星期，甚至前幾天，大家會卯起來念書，常常讀到三更半夜，甚至考試前一天不睡覺讀通宵。

每次考完試，心裡會想下次絕對要早一點開始準備，就不用那麼辛苦，成績說不定也會更好，但下次考試到來，又是一樣的循環……

不過說真的，在那時候，考試前幾天甚至前一天，你會感覺自己做事情的效率極高，而且全神貫注！

再舉個例子，不知道你學生時期，是暑假一開始沒多久就把暑假作業寫完的，還是最後幾天才寫完的呢？

如果你跟我一樣是最後幾天，甚至最後一天才寫完的，你應該能感受到，那麼長的暑假都沒心思寫作業，或是感覺寫不下去，但是最後幾天卻效率無比得好，可以在短短幾天就完成兩個月的作業！

能夠辦到是因為截止時間就在眼前，於是你擁有超高的專注力和效率，完成了這項「不可能的任務」！

如果你很希望短時間就可以做出成績，我建議你給自己設個目標，然後把業績結算時間縮短（或說「目標」結算時間縮短），接著訂出詳細的計畫和實際執行步驟，並且訂定沒達成的「處罰」和完成目標的「獎勵」，相信你一定能夠很快就能看到成果！

學員分享

> 我改天會開酒吧老師記得要來
> 讚 · 回覆 · 3分鐘

> **Terry Fu** 開酒吧？ 真的假的，什麼時候啊？
> 讚 · 回覆 · 👍 1 · 3分鐘

> 已經在進行了
> 最近才剛找到店面
> 明天簽約哈哈
> 用網路行銷佔了三成股份
> 不用出資哈哈哈
> 收回讚 · 回覆 · 👍 1 · 2分鐘

> 就收入暴增啊
> 想不減少都不行
> 最近還接到IEKA的單哈哈
> 只不過把老師的某些策略變通在實體哈哈
> 意外的可怕
> 收回讚 · 回覆 · 👍 1 · 剛剛

第二步：
明確你為誰而戰、為何而戰

接著第二步呢，你要明確你為誰而戰、為何而戰！我覺得這點非常、非常、非常重要！

「當你有足夠的理由，你就能做出不可思議的事！」

你知道自己為誰而戰、為何而戰之後，你才可能有堅定不移的強大力量去實現你設定的目標和夢想！這會讓你更能夠往前進，遇到任何挑戰都不會輕言放棄！

因為大部分人不知道自己為誰而戰、為何而戰，不知道自己為了什麼而奮鬥的人，遇到困難和障礙，很容易就放棄了，沒辦法堅持到底、克服一切挑戰！

某一天，兒子不解地問老爸：「西遊記中，孫悟空能大鬧天宮都沒事，為什麼取經路上，老是打不過，還經常要神仙來降妖？」

老爸深吸一口煙說：「等你工作了就明白了。大鬧天宮時，孫悟空碰到的都是給玉帝打工的，那些人只出力但不玩命；西

天取經時，孫悟空碰到的那些鬼怪都是自己出來創業的……個個都玩命！」

這是網路上流傳的一個笑話，卻十分有道理，我想孫悟空碰到的那些「出來創業的」，就是知道自己為誰而戰、為何而戰的啊！

所以知道自己為誰而戰、為何而戰很重要，如果你只是想多賺一點錢、想過更好的生活，我認為這是非常薄弱的動機，以至於它可能沒有辦法在你遇到困難和挑戰的時候，支撐你、幫助你持續不斷的突破、往你想要的前進，你必須要有更深一層的動機和理由，才有辦法讓你堅持到底！

通常你要有很好的成就，或是你遇到重大挑戰想要跨越的話，你要很明確地知道你為什麼要做這件事情！

在電影「我的少女時代」裡面有一段是男主角徐太宇教女主角林真心溜冰。

徐太宇跟林真心說：「告訴妳不會摔倒的秘訣是什麼。」

林真心：「是什麼？」

徐太宇：「就是～不要怕摔倒！」同時推了她一把！

正當林真心溜得很順的時候卻跌倒了，徐太宇過去扶她時

說：「最慘就是摔倒而已，重要的是，妳為什麼來這裡？」

靜下心來，問問自己，你現在是「為誰而戰、為何而戰呢？」

	上個月收入2,992.77美金	11:51
2992上個月收入37多的這個月YA		
都美金計算	目前這個月才過六天	
	收入已達3,790.56美金！	
		12:05
感謝老師		
賺錢真的不分年齡		
讓82年次的我提早達成六位數		
下一個目標七位數		

第三步：
打造「自動化系統」的準備工作

很多人看過《富爸爸、窮爸爸》之後，都很渴望打造被動式的收入，希望能讓錢自動流進來！

要想成為「快樂自由族」，其中一個很重要的關鍵就是要能打造自動化系統！

即使你在做別的事情，甚至在睡覺，如果還是能有持續不斷的收入，我想這是很多人夢寐以求的吧！

要辦到這件事，「自動化系統」就是其中不可或缺的關鍵！

很多想要透過網路創業、網路賺錢的人，常會問我的一個問題是：如果沒有自己的產品怎麼辦？這在幾年前還是一個障礙，但現在已經不再是問題了！

如果你沒有產品，你可以透過推廣別人的產品開始！也就是所謂的「聯盟行銷」！

台灣目前兩家最知名的聯盟行銷平台分別是：我受邀去

演講的通路王（https://www.ichannels.com.tw/）以及聯盟網（http://www.affiliates.com.tw/）

那什麼是「聯盟行銷」呢？

以下是聯盟網所下的定義：聯盟會員利用聯盟行銷平台與廠商建立合作關係，協助廠商推廣產品或服務，達成商品銷售或名單蒐集等廠商期望目的後，聯盟會員能獲得廠商提供獎金的一種行銷方式。

簡單來講就像仲介一樣，你到通路王、聯盟網或其他類似的平台免費註冊一個會員帳號之後，你等於可以經銷上面所有的產品，你在平台上看到想要推廣的產品後，就可以在上面取得你專屬的推廣網址，接著你去推廣那個網址，只要有人透過你專屬的推廣網址去購買產品或服務，那麼你就可以分到一定比例的獎金！

這計算獎金的方式是以成交數量計算的，就是論件計酬，稱為 CPS（Cost Per Sale）。

但是，還有一種方式是不需要完成購買，只要引導人們去做某件廠商要求的行為，例如：留下資料、索取試用品、試聽線上課程等等，這樣你就可以賺到獎金！

這樣的方式是以名單或行為的數量計算的，稱為 CPL

（Cost Per Lead）或 CPA（Cost Per Action）。

我有很多學員本身沒有產品，只是一般上班族甚至家庭主婦，他們就是用這樣的方式為自己創造收入！

例如，以下學員的分享——

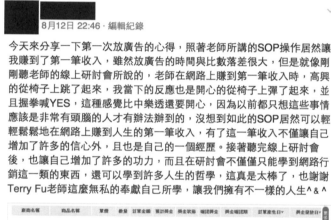

今天來分享一下第一次放廣告的心得，照著老師所講的SOP操作居然讓我賺到了第一筆收入，雖然放廣告的時間與比數落差很大，但是就像剛剛聽老師的線上研討會所說的，老師在網路上賺到第一筆收入時，高興的從椅子上跳了起來，我當下的反應也是開心的從椅子上彈了起來，並且握拳喊YES，這種感覺比中樂透還要開心，因為以前都只想這些事情應該是非常有頭腦的人才有辦法辦到的，沒想到如此的SOP居然可以輕輕鬆鬆地在網路上賺到人生的第一筆收入，有了這一筆收入不僅讓自己增加了許多的信心外，且也是自己的一個經歷。接著聽完線上研討會後，也讓自己增加了許多的功力，而且在研討會不僅僅只能學到網路行銷這一類的東西，還可以學到許多人生的哲學，這真是太棒了，也謝謝Terry Fu老師這麼無私的奉獻自己所學，讓我們擁有不一樣的人生^＆^

12小時 · 編輯紀錄

8/7~8/12推一個產品，發了9個廣告文案，花費3611元廣告費的成果，當然我跟大家一樣眼前一片迷霧，所以我每天都是發廣告、看課程，看完課程有想法又再發個廣告，當然無助、沒有想法時也會去看課程，但每一次重複看一樣的課程都還是有新發現，所以就邊做邊修，修了很多版廣告，一直都在發廣告，但從無到有，從腦子空空，到天馬行空，也不知道自己是做對還做錯，不過老師在今天研討會中說的重點「重要的是做，是去執行」，一堆想法不做不嘗試你永遠都不會知道事情的結果，創業的路最怕【虛耗】跟【摸索】，有老師這盞明燈，可以手把手的抓著，感覺真是踏實！老師謝謝你的無私和耐心，能遇見你真好！

不好意思！我彷彿看到遠處有一台保時捷在向我靠近了，我去看一下嘿！

您查詢的是：	訂單金額總計	**0** 元
訂單產生日：2015-08-07 到 2015-08-31	預計獎金總計	**12,900** 元
	確認獎金總計	**0** 元

甚至連懷孕的孕婦都可以辦到：

□ 12:03

terry老師我是 ，有一問題想請教老師可以嗎？

因為最近懷孕體力比較差，那天我看了老師的課程~
通路王的部分。後來我試了一下~
沒想到我賺到七千多元的獎金~

即使你沒有產品、資源，只要你有一台可以上網的電腦，你就可以在網路上賺錢！打造你的網路印鈔機！這已經是我許多學員驗證過的結果！

如果你有自己的產品，那同樣也可以運用在這上面！

2 小時

來公佈一下我的虛擬主機活動的結果，在今年除夕至過完年後的週五 (2017/01/26~02/03,共9天)，花費FB廣告費為18.29美金，使用者透過歐付寶付款，扣除歐付寶拿去的手續費，大約實拿39000元。附上歐付寶收款明細佐證。前面去年12月時，已經先辦過抽獎換名單的活動(可看我之前的貼文)，所以這次的廣告費因用了再行銷，所以可以壓那麼低(我每天設定的上限為6美金)。謝謝Terry Fu老師的課程指導。

訂單日期 / 訂單編號	訂單金額 / 消費形態	付款日期	收件人	付款方式 / 繳費代碼或帳號	訂單狀態	碼擬金額	預計日期
2017-02-03 2032156341324	1,390 網路購物	2017-02-09		超商代碼	交易完成	1,364	2017-0 15:0
2017-02-03 2032132481575	1,390 網路購物	2017-02-03		信用卡 --	交易完成	-	-
2017-02-03 2032115069106	1,390 網路購物	201		信用卡	交易完成		
2017-02-03 2031727071271	1,390 網路購物	2017-02-03		信用卡	交易完成		
2017-02-03 2031601045741	1,390 網路購物	2017-02-03		信用卡	交易完成	-	-
2017-02-03 2031555547112	1,390 網路購物	2017-02-03		超商代碼	交易完成	1,364	2017-0 15:0
2017-02-03 2031503214785	1,390 網路購物	2017-02-03		信用卡	交易完成		
2017-02-03 2031054246873	1,390 網路購物	2017-02-03			交易完成		
2017-02-03 2031053071495	1,390 網路購物	2017-02-03		信	交易完成		
2017-02-03 2031048514749	1,390 網路購物	2017-02-03		信用卡 --	交易完成		

1 2 3 下一頁 ▶ 最後頁 ▶|

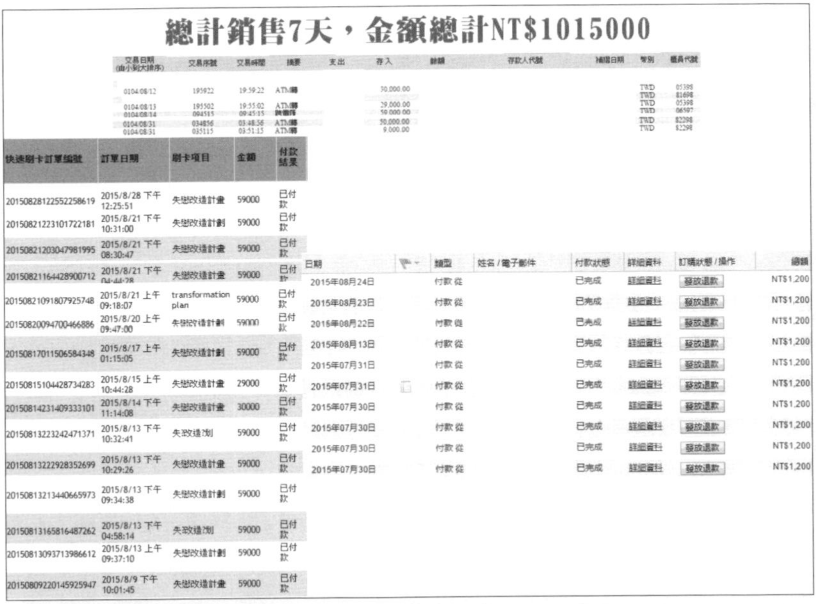

總計銷售7天，金額總計NT$1015000

交易日期(由小到大排序)	交易序號	交易時間	摘要	支出	存入	餘額	存款人代號	補摺日期	幣別	櫃員代號
0104/08/12	195922	19:59:22	ATM轉		30,000.00				TWD	05398
									TWD	81698
0104/08/13	195502	19:55:02	ATM轉		29,000.00				TWD	05398
0104/08/14	094515	09:45:15	跨行轉		59,000.00				TWD	06597
0104/08/31	034856	03:48:56	ATM轉		50,000.00				TWD	82298
0104/08/31	035115	03:51:15	ATM轉		9,000.00				TWD	82298

快速刷卡訂單編號	訂單日期	刷卡項目	金額	付款結果
20150828122552258619	2015/8/28 下午 12:25:51	失戀改造計畫	59000	已付款
20150821223101722181	2015/8/21 下午 10:31:00	失戀改造計劃	59000	已付款
20150821203047981995	2015/8/21 下午 08:30:47	失戀改造計畫	59000	已付款
20150821164428900712	2015/8/21 下午 04:44:28	失戀改造計畫	59000	已付款
20150821091807925748	2015/8/21 上午 09:18:07	transformation plan	59000	已付款
20150820094700466886	2015/8/20 上午 09:47:00	失戀改造計劃	59000	已付款
20150817011506584348	2015/8/17 上午 01:15:05	失戀改造計劃	59000	已付款
20150815104428734283	2015/8/15 上午 10:44:28	失戀改造計畫	29000	已付款
20150814231409333101	2015/8/14 下午 11:14:08	失戀改造計畫	30000	已付款
20150813223242471371	2015/8/13 下午 10:32:41	失戀改造計劃	59000	已付款
20150813222928352699	2015/8/13 下午 10:29:26	失戀改造計畫	59000	已付款
20150813213440665973	2015/8/13 下午 09:34:38	失戀改造計劃	59000	已付款
20150813165816487262	2015/8/13 下午 04:58:14	失戀改造計劃	59000	已付款
20150813093713986612	2015/8/13 上午 09:37:10	失戀改造計劃	59000	已付款
20150809220145925947	2015/8/9 下午 10:01:45	失戀改造計畫	59000	已付款

日期		類型	姓名 / 電子郵件	付款狀態	詳細資料	訂購狀態 / 操作	總額
2015年08月24日		付款 從		已完成	詳細資料	發放退款	NT$1,200
2015年08月23日		付款 從		已完成	詳細資料	發放退款	NT$1,200
2015年08月22日		付款 從		已完成	詳細資料	發放退款	NT$1,200
2015年08月13日		付款 從		已完成	詳細資料	發放退款	NT$1,200
2015年07月31日		付款 從		已完成	詳細資料	發放退款	NT$1,200
2015年07月31日		付款 從		已完成	詳細資料	發放退款	NT$1,200
2015年07月30日		付款 從		已完成	詳細資料	發放退款	NT$1,200
2015年07月30日		付款 從		已完成	詳細資料	發放退款	NT$1,200
2015年07月30日		付款 從		已完成	詳細資料	發放退款	NT$1,200
2015年07月30日		付款 從		已完成	詳細資料	發放退款	NT$1,200

甚至公益活動也可以做得更快、更好！

今天收到一位學員的回饋分享「**透過網路行銷一個禮拜募得六百萬善款做公益**」，看了之後非常感動也很開心可以幫到需要幫助的人，和你分享～希望社會充滿愛、越來越美好！！

分享全文如下：

2016 年 02 月 06 日發生美濃大地震，新聞連報了快 10 天，但是一個月過後，主流新聞版面已經被其他新聞蓋過去，包含在傳統媒體業服務的我，也沒太關注地震的相關後續發

展。後來一位老家在台南的大學學長，與我聯繫說，台南玉井災情嚴重，是這次地震中貼紅單等級危樓（表示不適合居住）最多的地方，政府籌到的善款還在討論要如何有效利用不知啥時才會下來，居住的多是一些老人家，不知道該怎辦。他做志工的那間關帝廟，志工們集資湊了 21 萬多，要發放給玉田里受損較嚴重的 47 戶災民，問我能否去做一篇報導，希望能拋磚引玉。

我想說這是一件善事，應該值得報導，但是報稿後，主管覺得時間已久，善款金額也不是特別多，加上還有部門間踩線的問題，採訪計畫沒能通過，當下我實在是很傻眼，明明是做好事為啥要有這樣的分別。幸運的是，那時已聽過不少 Terry 老師的 FB 課程，跟台南的學長討論後，決定用廟方一台連麥克風都無法接的超老舊攝影機做拍攝，然後下 FB 廣告，用 FB 當作曝光平台試試看。

影片製作完後，拿著志工們跟學長湊來的 4200 元，準備投一星期的 FB 廣告，但是一開始成效不太理想，跑了兩天，觀看人數、分享數、轉換率都不高。為了避免這善款被我打水漂，就趕快找 Terry 老師求救，跟他挖了著陸頁三大注意事項後立馬進行調整，後面五天的成效就有了明顯的改變。最後 4200 元的廣告費，一禮拜的時間，有 7.4 萬人觀看、330 個按讚數、47 個分享、募得 600 萬的善款直接送到受災戶手上。

真的很感謝台灣有這麼多的善心人士，尤其是珠海台商協會、高雄市慈德親幼協會以及一間不願具名的廟宇。

　　這件事情給我的感觸很深，即便是身在媒體業的我，也不一定能夠決定一條新聞的採訪與否。但是，我一個 nobody，透由 FB 可以做出這樣的影響力與成果，連我自己都沒想到。以前，想做傳統媒體，需要有關係有財力才有可能；現在，一台可以上網的電腦，你自己就是一間媒體，不管是要做電視購物賣膏藥、開補習班、開節目做新聞通通可以，只要你知道正確的方法以及找到對的受眾族群。

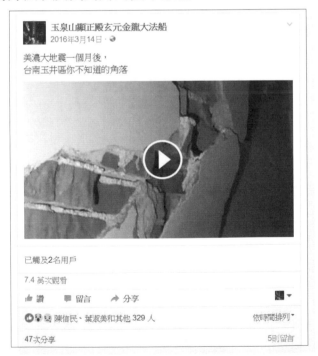

珠海台商協會會員，在議長李全教（左三）陪同下，發放慰助金給玉井區地震受災戶。〔記者黃文記攝〕

　　中國大陸珠海市台商投資協會募集三百萬元協助玉井區、楠西區地震受災戶，會長葉飛呈及多位幹部二十四日到玉井區發放慰助金，房屋損壞程度達紅、黃單的受災戶，每戶發放一萬元，適時的援助讓災民很感謝。

　　珠海台商協會透過台南市議長李全教聯絡安排，直接發放慰助金給玉井區、楠西區受災戶，其中玉井區有二百九十一戶，占絕大多數。捐助款項由玉井區受災戶代表決定發放方式，經決議通過紅、黃單受災戶每戶一萬元。

　　葉飛呈表示，台商在外地打拚事業，但心繫台灣，鄉親有難，募款協助義不容辭。○二○六地震發生後，台商協會就派人回台灣置地了解災情，隨後發起募捐，表達關懷心意。募款之初就決議要將善款捐助資源較缺乏的偏鄉，經與李全教聯繫，得知這次受災區域以玉井區位置最偏僻，希望可以拋磚引玉，幫助較弱勢的受災戶。

　　李全教指出，市議會目前正在召開臨時會，會監督市政府使用各界所捐助善款。珠海台商協會的捐款是由他們直接面對面發放給受災戶，讓災民感受立即、有效的協助。

首頁 > 台南新聞

每日導覽	
台南新聞	
縣市新聞	
全國新聞	
健康生活	
影視文化	
中華副刊	
民生消費	
美食專欄	
旅遊資訊	
社論	
每日談	
台南產消	
台南萬象	
台南文教	
社會百態	

慈德親幼協會助玉井震災戶

記者黃文記／玉井報導
2016-04-17

1 分享　　0
G+ 分享

　　社團法人高雄市慈德親幼協會從媒體及社群網站得知玉井區在〇二〇地震中受災嚴重，十七日到玉井區玉泉山顯正殿發放慰助金給受災戶，紅單每戶一萬元，黃單每戶五千元，協助災民度過難關。

　　慈德親幼協會理事長蔡宜靜表示，該協會成立近四十年，以救急、救病、救命三大原則服務社會，這次從媒體及社群網站得知玉井區在〇二〇地震中有數百戶受災。經了解顯正殿曾發動募捐慰助房屋受損較嚴重的災民，遂和顯政殿及玉井區公所連繫，並在三月下旬實際勘災後，經理監事會決議，撥善款補助經政府評估鑑定貼有紅單的危樓七十八戶、每戶一萬元，以及龜裂的黃單住戶一百九十七戶、每戶五千元，共一百七十六萬五千元。

　　該協會昨天共有數十人到現場發放，受到顯政殿幹部、志工及受災戶歡迎，到場的二百多位受災戶依序領取慰助金。

　　顯政殿廟方表示，先前透過廟方及玄元協會多位委員踴躍捐助，提供玉井區受災戶及時的協助，終能有拋磚引玉的效果，前後已有台北市行天宮及高雄市慈德親幼協會前來發放，讓受災戶得到更多協助。

　　玉泉山顯正殿位在玉井區虎頭山的半山腰，主祀關聖帝君，該殿最早設在玉田里，玉井區在〇二〇地震中以玉田里的房舍受災最嚴重，廟方感同深受，希望各界的捐助有助災民早日重建家園。

　　上述這些是我學員創造出來的部分結果，還有許多就不一一在這邊分享，但我想你這樣就能清楚知道，接下來我要分享的，可以運用的層面非常廣，同時也是被驗證有效的方法！

♟ 準備工作

我把準備工作分成兩個部分，內在觀念的準備和外在工具的準備！

內在的部分我需要你先瞭解一個非常重要的觀念，就是財富的本質究竟是什麼？

試想一下，如果你希望自己能夠更健康，於是開始學習一切跟健康、養生有關的事情，並且身體力行，你認為自己有沒有可能變得更健康呢？

我想不考慮極端的情況下，一般來說答案是肯定的，對吧？

再想一下，如果你希望自己的兩性關係可以更好，於是開始學習一切能讓兩性關係更好的事情，並且身體力行，你認為自己的兩性關係有沒有可能變得更好呢？

同樣的，我想一般來說答案也是肯定的，沒錯吧？

換句話說，你專注在健康，會得到健康；專注在關係，會得到關係。那麼如果你想要賺到更多錢，那你必須專注在？

每當演講或課程中，我問聽眾和學員這個問題的時候，大家通常會回答我：專注在錢上面！

因為專注在健康，得到健康。

專注在關係，得到關係。

那專注在錢，就會得到錢！？

如果你是這樣想的，那麼我想跟你說：你很可能會窮一輩子！

其實我一開始跟你的想法是一樣的，但我辛苦掙扎了將近八年，過著入不敷出、負債累累的日子，後來才算真正弄懂、悟到財富的本質是什麼，原來專注在錢，不會得到錢，反而會得到貧窮或讓財務充滿挑戰、過得很辛苦……

為什麼會這樣呢？究竟是怎麼一回事？

在遠古時候，當時沒有錢的存在，更精確地說，是沒有貨幣這個東西存在！

那時候的人都是透過「以物易物」的方式在交易和供需彼此的生活，例如我是賣青菜的，我想要吃魚，但有魚的那個人如果不想要青菜，他想要豬肉，那怎麼辦呢？

我只好拿我的青菜去跟有豬肉的人交換，換好之後再拿豬肉去跟他換魚，因為這樣子很麻煩，所以後來人們發明了貨幣，作為統一的標準，解決了這個問題，這就是一開始錢的由來！換句話說，錢（貨幣）不是真實存在的東西，它是被人們

創造的！

因此，我們要如何專注在一個不存在的東西上，卻希望得到它呢？

所以你專注在錢，不會得到錢，因為錢本身並不存在，那麼到底要專注在什麼，才可以得到財富呢？

答案是：**創造價值！**

記得我們一開始說人類的交易是以物易物嗎？

想想我前面舉的例子，我們先幫別人得到他想要的（豬肉），我們就能得到我們想要的（魚），所以財富的本質就是**「為別人創造價值」**！

簡單來說，為別人解決問題、幫助他得到他想要的，那你就會賺到錢、得到財富！

當你幫助的人數越多、為人們創造的價值越大（解決的問題越大、改善他們的生活越多），那麼你就會賺到越多錢、創造越多財富！

所以內在準備這部分，我希望你可以記住「財富的本質」來自於「為他人創造價值」，而不是你想要賺錢而已！

當你把這點放在心上、奉為圭臬，你未來做的每一件事，

都由此為出發點的話，你會發現，你會越做越好，同時你做的事情會改變人們的生活，會讓世界變得更美好！這不是很棒的一件事嗎？

接下來我們來談談外在工具的準備吧！

要打造自動化網路行銷系統，你需要準備以下幾樣東西：

★網站建立軟體

★自動回覆信系統

★倒數計時器

★線上金流系統（收款系統）

（這些工具的網址和本書的所有相關資源與更新你都可以到這邊看到 ==> terryfubooks.com）

以最簡單的自動化網路行銷系統來說，只要你會上網、打字、會複製貼上、收發 Email，那麼你就有足夠的能力透過上述工具，快速做出最基本的自動成交系統，讓你開始創造收入！

你看到這邊可能會想，就這麼簡單嗎？

是的，就是這麼簡單，這是一切的起點！

接下來我將分享，如何透過「網路成交核心藍圖」來建立你的自動化系統、並且開始創造你網路上的第一筆收入！

三年前一次偶然的機會在網路上看到Terry老師的文章，了解到什麼是網路行銷，進而報名了老師的聯盟行銷的課程，依照課程的內容，讓我從一個什麼都不懂的網路行銷素人，到現在每個月都有新台幣6位數以上的成績，每次想起來都讓我心理覺得感恩，很慶幸自己遇到了一位好老師。

在此我分享一下這半個月來Clickbank的收入截圖，希望可以激勵一下各位夥伴。

九把刀曾說：「最後能夠實現夢想的，往往不是最有才華的那個人，而是堅持到最後也捨不得放棄的那個人」。

相信就會看見，堅持就有收獲，讓我們一起加油吧!!

DAILY SALES SNAPSHOT				DAILY SALES SNAPSHOT		
Date	Gross	Trend		Date	Gross	Trend
Sun Jun 07	$185.79			Sun Jun 07	$47.59	
Sat Jun 06	$0.00			Sat Jun 06	$43.54	
Fri Jun 05	$76.45			Fri Jun 05	$0.00	
Thu Jun 04	$215.83			Thu Jun 04	$3.44	
Wed Jun 03	$181.34			Wed Jun 03	$0.00	
Tue Jun 02	$34.38			Tue Jun 02	$5.70	
Mon Jun 01	$51.38			Mon Jun 01	$17.32	
Sun May 31	$347.79			Sun May 31	$31.50	
Sat May 30	$258.99			Sat May 30	$0.00	
Fri May 29	$164.87			Fri May 29	$0.00	
Thu May 28	$278.17			Thu May 28	$6.87	
Wed May 27	$140.88			Wed May 27	$21.58	
Tue May 26	$220.14			Tue May 26	$8.94	
Mon May 25	$129.04			Mon May 25	$11.00	
Sun May 24	$162.34			Sun May 24	$4.93	

第四步：透過「網路成交核心藍圖」建立你的自動化系統

不論你是想運用網路開發新客戶，把你現在的業務或生意發展得更好，或是你想要透過網路多增加一份收入，這份「網路成交核心藍圖」都可以幫助到你！

接下來，你即將看到的網路成交核心藍圖，從一開始到目前我寫這些文字為止，我已經運用它累積建立了超過 37,000 筆名單！並且創造了新台幣 6,000 萬以上的營收！

同時我的學員也運用它，每天持續建立大量的名單和可觀的收入！

如果你沒有這份核心藍圖，你將毫無頭緒要怎麼運用網路獲利，你也不知道具體該如何安排你的網路成交流程，更不用談怎麼擴張你的收入和生意了……

當你有了這份核心藍圖後，你將瞭解何謂網路行銷的核心，你也會很清楚知道該從哪裡開始、該由哪邊下手放大和優化，你將能有系統的檢視和擴張！！

現在，就讓我們來看看這簡單且威力強大的網路成交核心藍圖吧！

流量→系統→提案

這網路成交必備的三大核心，是網路行銷最關鍵也最重要的架構、缺一不可！同時所有成功的網路行銷流程和方法，都不脫離這三大核心關鍵！

你可以遵循這三大核心去進行各式各樣的變化和組合！

♞ 流量

在核心藍圖裡面，你可以看到第一個部分是流量，也就是人潮！

行銷最重要的關鍵就是讓對的人、在對的時間、看到對的訊息！簡單來說，就是找到會說 YES 的人，而不是說服不要的人說 YES ！

對的流量來源讓你能輕鬆找到對的人、讓你能找到你的完美目標客戶！

創造流量的管道有很多，線上的例如 Yahoo、Google、YouTube、Facebook、Line、微信等等……

線下的例如報紙、傳單、雜誌、廣播、電視等等……

大多數人做網路行銷都只把焦點放在線上的管道，不過廣義來說，只要是能接觸到潛在客戶、把人潮帶進來的，都可以做為流量來源！

所以即使你希望做網路行銷、打造自動化系統，我希望你也能有這樣的認知，你要做的是打造一個驗證有效的系統，接著透過各種方式把潛在客戶帶進你的系統，讓系統自動成交，不論線上的或線下的，都是你可以運用和擴張你生意與收入的流量來源！

雖然流量的管道有很多，但這些年來我輔導企業和學員的經驗發現仍然很多人卡在這點，常會問我要怎麼增加曝光率、怎麼增加流量？

　　我的建議是你要去思考你的目標客戶他們會閱讀什麼樣的文章？看什麼樣的影片？他們的興趣是什麼？他們關注什麼議題？他們會按什麼粉絲頁的讚？他們會加入什麼社團？他們會在哪裡出沒？

　　你越瞭解你的目標客戶，那麼你就越能知道怎麼去找到他們，也會知道他們有什麼問題需要被解決，你更清楚他們在乎什麼，要怎麼跟他們對話！

　　簡單來說，你知道他們會出現在哪裡，那你就去那邊找他們、曝光你的訊息！

　　曝光的方式有分成免費曝光和付費廣告，許多人會把焦點放在免費曝光上面，例如不斷寫文章、拍影片，希望有人看到轉發分享；或是去張貼廣告，希望別人看了你貼文寫的廣告被吸引等等……

　　但這邊我想告訴你的是，不論在流量這個層面、或是在你事業成敗的層面，其中最重要的關鍵點之一，也是你必須具備的一項重要能力就是：**「把付費廣告轉換成獲利的能力！」**

　　這個世界上不缺好產品，但非常缺乏有能力把產品賣出去的人！

　　當你擁有這項能力，你幾乎可以做任何生意、可以推廣任

何產品或服務，因為你掌握了「客戶」！你掌握了任何生意最重要的命脈之一：訂單和獲利！

但為什麼我強調「付費廣告」？

我在上廣播節目被訪問的時候，主持人問到要怎麼用免費的方式曝光、吸引免費的流量？

當時我的答案跟現在是相同的，我認為最重要的是學會並擁有「把付費廣告轉換成獲利的能力！」

這點之所以重要是因為一來付費廣告的速度較免費流量快，而且付費廣告是我們能掌握的，不像免費流量，你寫的文章、拍的影片，不一定可以順利引起目標客戶的共鳴，就算可以辦到，你要擴大的時候，免費的方式不是說要擴大就能擴大的。

例如你寫了一篇文章已經有 1,000 人瀏覽，你覺得這篇文章很不錯，想透過免費的方式想讓更多人看到，那你可以怎麼做呢？請讀者幫你轉貼分享？去一些 Facebook 社團貼文？

你發現了嗎？
這是很難被快速且無限制放大的！

但如果你會用付費廣告，一樣的文章你要讓更多人看到，或是你的產品訊息想讓更多人看見，就是非常簡單且快速的一

件事了！

所以只要你懂得如何運用付費廣告，你在 24 ～ 48 小時內，就能測試你的文案、你的提案、你的想法、你的成交系統，你能夠快速得到結果！

得到結果後，留下有效的廣告，刪除無效的，接著擴大操作有效的廣告專案，你的獲利就能快速提升！

付費廣告讓你可以快速取得結果並且擴張有效的專案，讓一切變得可預測，這部分在後文我再更進一步深入分享，現在你只要瞭解，為什麼付費廣告很重要，同時知道「把付費廣告轉換成獲利的能力」是你一定要具備的就可以了！

♞ 系統

接著第二個部分是系統！

系統簡單來說就是成交流程！

在核心藍圖裡面，你可以看到我列出了許多不同的元素，如果你想透過網路建立起持續不斷的收入或擁有源源不絕的客戶和獲利，那麼你最先要做的不是銷售，而是去建立你網路生意最重要的資產：**名單**！

名單我們可以簡單分成兩種，**潛在客戶名單和買家名單！**

當你能快速穩定地擁有大量潛在客戶名單，並且讓他們在最短的時間內開始購買你的第一項產品，你就建立起你的買家名單了！

當你每天持續有潛在客戶名單進來，並且透過你的系統自動成交，那麼你就等於有了一台自動化的網路印鈔機！！！

我舉個例子和你分享，請先看以下這張圖：

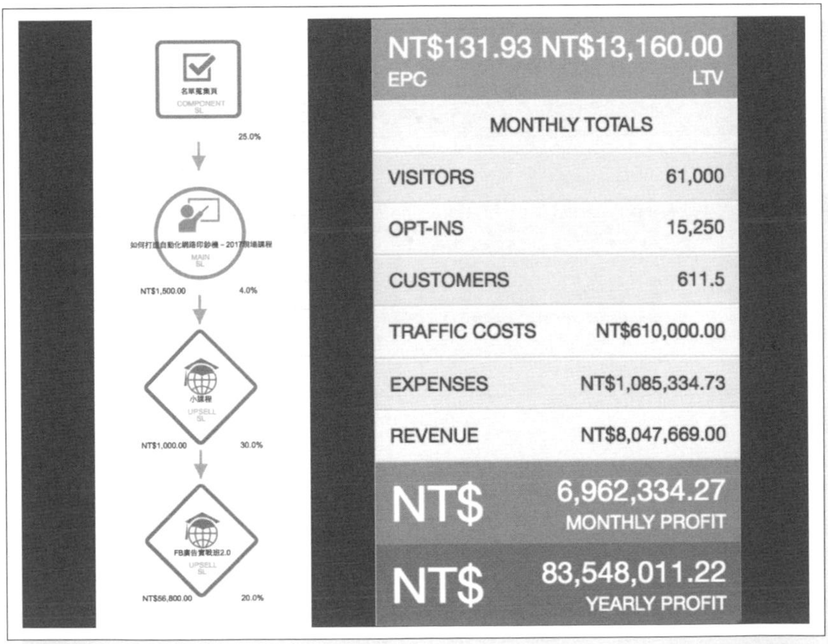

這是我目前正在用的其中一個成交流程與試算表，左邊是

我這個成交流程的設計，右邊是試算表，你可以看到圖片左邊第一個部分是「名單蒐集頁」，透過這個名單蒐集頁，我開始建立名單，如同我們剛剛說的，名單是最重要的資產，透過這個頁面，我和潛在客戶交換他的 Email 信箱。

請看下圖，這是我的名單蒐集頁：

這是下半部：

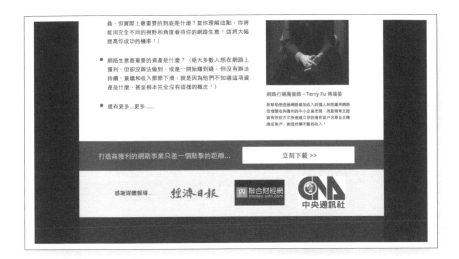

　　看到這個頁面有興趣想要進一步索取我的「網路成交核心藍圖」的網站訪客，點擊「立刻下載」的按鈕之後，就會跳出下面這個框框：

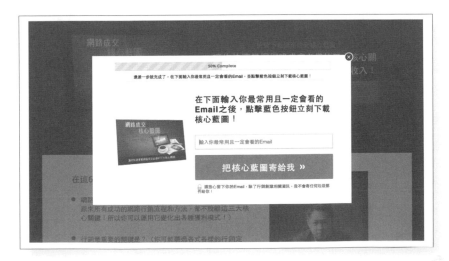

　　這就是一種價值交換，透過有價值的資訊（網路成交核心藍圖）去交換對方的 Email 信箱，對方輸入信箱資料後，接著系統會自動跳轉到我的銷售頁面，向他推薦我的一堂實體課程，同時給他一個報名優惠，讓有興趣的人可以更進一步到課程中學習，銷售頁面如下：

　　你可以看到這個頁面除了給報名優惠以外，還有一個倒數計時器，為什麼要有這個呢？因為你的客戶之所以不購買你的

產品或服務，可能是不相信你，或是不相信他們自己可以從你的產品或服務得到想要的結果（即使你的客戶見證很多，還是有些人會覺得那對別人有效，但對他們就是沒效），最後一個就是他沒有立即購買的理由！他覺得時間還很多，他可以再多想想。如果你沒有給他立即購買的理由，他會認為今天買和明天買沒有差別，這個月買和下個月買也沒差，那為什麼要現在就立刻買呢？

這個倒數計時器，就是給他為什麼非得立刻購買的理由！因為倒數計時器歸零之後，優惠就結束了，所以他必須要把握機會採取行動！

大多數賣家或老闆都是直接把人用各種方式帶到網站，直接銷售產品或服務，不過大部分人不會第一次接觸到你的訊息就購買，會一進去你的網站就購買的幾乎很少，除非你是知名品牌，或是對方是透過關鍵字搜尋相關資訊，他本來就有購買的意圖，不然第一次拜訪你的網站就成交的機率是很低的。

雖然如此，但是看到你的廣告或貼文而點擊進入你網站的人，通常他對你提供的產品或服務是有一定的興趣的，只是沒有立即購買，如果你只是引導他到產品銷售頁，他過來沒買離開後，你有辦法知道他是誰，之後繼續聯絡他嗎？

我想答案是否定的，可是每一個引導進入你網站的訪客

都需要成本，不論是付費廣告或你去貼文宣傳（這需要時間成本），大部分人進來你的網站沒購買就離開了，你不知道那些沒買的人是誰、沒辦法取得他們的聯絡資料，所以也沒辦法繼續跟他們分享你的產品資訊，那代表你這些成本全部都浪費了！

而且大部分人都是直接把人帶到銷售頁，對消費者來說，他一進去賣家的網站，每一個店家都想要他花錢；但如果反過來，假設你是賣家你一開始第一次接觸客戶時並不是要客戶花錢，而是給他有價值的東西呢？客戶的感受會不會就完全不一樣了？

這兩點就是我們之所以要做名單蒐集頁來建立名單的原因！

不論你是做電商或賣任何產品及服務，這一點都是非常重要的！

你可以用一個有價值的免費贈品來交換潛在客戶的聯絡資料，這邊我會建議你從一份免費報告開始！

一來你可以透過這個免費報告為你的目標客戶先創造價值！再者因為這份免費報告是數位檔案（電子檔），你用打字打好存成 PDF 檔就可以了，這樣對方的索取對你來說不用像傳統免費試用品那樣，你不會有物理成本以及寄送的問題（當

然你要用實體的試用品也不是不行，它也有策略可以運用，不過一開始我並不推薦這樣做）。

你透過這樣的方式取得潛在客戶名單，接著像我前面說的，取得名單後，再進入第一次銷售、你設計一個特別提案，嘗試初次成交！

這邊要提醒一點，初次成交的這個特別優惠方案，目的不是為了賺錢，而是要讓「潛在客戶」最快速地轉成「付費客戶」，建立你的「買家名單」！

有跟你買過東西的客戶，即使他只是花 100 元，都會比沒有花過任何一毛錢的客戶，價值高出至少數十倍以上！

除此之外，在初次成交時，要用最低的門檻讓他更有機會採取行動去體驗你的產品！如果你的產品的確如你說的那麼好、甚至更好的話，那麼他對你的信任感將會大幅提升！這樣未來他才有可能跟你買更多、更高價位的產品！

另外一個初次成交提案的目的，是快速回收你的廣告成本！我們前面提過，使用付費廣告是最快速且最有效率的方式！

但廣告的投入會花到錢，很多人擔心需要投入廣告費且回收期過長、甚至不知道會不會回收，所以遲遲不敢跨出這一

步！這初次成交提案，就可以讓你用最短的時間回收你投入的成本，你看到確實有錢每天持續進帳，心裡也會安心不少吧！

　　以下是我這個行銷流程後台訂單的部分截圖，你可以看到幾乎每天都有成交。

產品名稱	訂單金額	來源	下單時間	更新時間
如何打造自動化網路印鈔機報名表	$1500.00		2017-02-28 12:37:58	2017-02-28 12:40:32
如何打造自動化網路印鈔機報名表	$1500.00		2017-02-28 04:21:54	2017-02-28 04:22:47
如何打造自動化網路印鈔機報名表	$1500.00		2017-02-27 20:40:45	2017-02-27 20:40:45
如何打造自動化網路印鈔機報名表	$1500.00		2017-02-27 15:12:49	2017-02-27 15:15:08
如何打造自動化網路印鈔機報名表	$1500.00		2017-02-27 12:45:18	2017-02-27 12:45:18
如何打造自動化網路印鈔機報名表	$1500.00		2017-02-26 19:48:53	2017-02-26 19:56:52
如何打造自動化網路印鈔機報名表	$1500.00		2017-02-26 18:58:44	2017-02-26 18:58:44
如何打造自動化網路印鈔機報名表	$1500.00		2017-02-25 11:36:46	2017-02-25 11:36:46
如何打造自動化網路印鈔機報名表	$1500.00		2017-02-25 04:07:57	2017-02-25 04:07:57
如何打造自動化網路印鈔機報名表	$1500.00		2017-02-24 20:50:56	2017-02-24 20:53:06
如何打造自動化網路印鈔機報名表	$1500.00		2017-02-24 13:18:45	2017-02-24 13:19:31
如何打造自動化網路印鈔機報名表	$1500.00		2017-02-23 16:50:03	2017-02-23 16:50:03
如何打造自動化網路印鈔機報名表	$1500.00		2017-02-23 15:06:58	2017-02-23 15:06:58
如何打造自動化網路印鈔機報名表	$1500.00		2017-02-23 13:51:16	2017-02-23 13:59:01
如何打造自動化網路印鈔機報名表	$1500.00		2017-02-22 23:43:26	2017-02-22 23:45:04
如何打造自動化網路印鈔機報名表	$1500.00		2017-02-22 22:45:41	2017-02-23 13:43:59
如何打造自動化網路印鈔機報名表	$1500.00		2017-02-20 11:30:41	2017-02-20 11:30:41
如何打造自動化網路印鈔機報名表	$1500.00		2017-02-19 12:10:24	2017-02-19 12:10:24
如何打造自動化網路印鈔機報名表	$1500.00		2017-02-18 22:09:48	2017-02-18 22:13:51
如何打造自動化網路印鈔機報名表	$1500.00		2017-02-17 23:05:23	2017-02-17 23:05:23

產品名稱	訂單金額	來源	下單時間	更新時間
如何打造自動化網路印鈔機報名表	$1500.00		2017-03-05 07:35:04	2017-03-05 07:35:04
如何打造自動化網路印鈔機報名表	$1500.00		2017-03-04 11:30:37	2017-03-04 11:31:26
如何打造自動化網路印鈔機報名表	$1500.00		2017-03-03 12:52:05	2017-03-03 12:53:56
如何打造自動化網路印鈔機報名表	$1500.00		2017-03-03 12:50:40	2017-03-03 12:50:40
如何打造自動化網路印鈔機報名表	$1500.00		2017-03-03 12:42:56	2017-03-03 12:42:56
如何打造自動化網路印鈔機報名表	$1500.00		2017-03-03 12:00:12	2017-03-03 12:00:12
如何打造自動化網路印鈔機報名表	$1500.00		2017-03-02 21:39:29	2017-03-02 21:39:29
如何打造自動化網路印鈔機報名表	$1500.00		2017-03-02 15:25:28	2017-03-02 15:26:33
如何打造自動化網路印鈔機報名表	$1500.00		2017-03-02 15:21:29	2017-03-02 15:21:29
如何打造自動化網路印鈔機報名表	$1500.00		2017-03-02 13:45:35	2017-03-02 14:14:51
如何打造自動化網路印鈔機報名表	$1500.00		2017-03-02 13:06:47	2017-03-02 13:12:21
如何打造自動化網路印鈔機報名表	$1500.00		2017-03-02 12:50:30	2017-03-02 12:51:59
如何打造自動化網路印鈔機報名表	$1500.00		2017-03-02 12:44:34	2017-03-02 12:46:11
如何打造自動化網路印鈔機報名表	$1500.00		2017-03-01 22:46:47	2017-03-01 22:47:39
如何打造自動化網路印鈔機報名表	$1500.00		2017-03-01 22:42:10	2017-03-01 22:43:26
如何打造自動化網路印鈔機報名表	$1500.00		2017-03-01 21:46:21	2017-03-01 21:46:21
如何打造自動化網路印鈔機報名表	$1500.00		2017-03-01 14:08:33	2017-03-01 14:08:33
如何打造自動化網路印鈔機報名表	$1500.00		2017-03-01 12:49:21	2017-03-01 12:49:21
如何打造自動化網路印鈔機報名表	$1500.00		2017-03-01 08:49:15	2017-03-01 08:51:08
如何打造自動化網路印鈔機報名表	$1500.00		2017-02-28 13:50:07	2017-02-28 13:51:10

這時候你可能會問，那如果看到銷售頁的特別提案卻沒有購買，也就是沒成交的話，要怎麼處理呢？

這時候我們就要透過 Facebook 廣告和自動回覆信系統來做後續的跟進和追蹤了！（再次提醒：這些工具的網址和本書的所有相關資源與更新你都可以到這邊看到喔 ==> terryfubooks.com）

首先這是一開始引導潛在客戶到我名單蒐集頁的廣告。

如果潛在客戶點擊上面的廣告進入名單蒐集頁,留下他的 Email 到銷售頁後,結果沒有報名(購買),那他回到 Facebook 之後,就會看到下面這樣的廣告:

你有沒有曾經到過某個網站之後，你什麼都沒做，離開了那個網站，就在 Facebook 或其他很多網站看到那個網站的廣告呢？

我這邊用的是同樣的方法，這稱為「再行銷」！

它的邏輯是把一段 Facebook 廣告後台提供的代碼或 Google 廣告後台提供的代碼放到你的網頁裡面，這代碼不會在你的網頁顯示出來，但是只要有安裝這樣的代碼，網站訪客瀏覽你的網站後，即使他沒留下任何資料，你一樣可以把廣告曝光在這些人面前！而且這廣告是只有他們會看到！

大多時候人們到你的網站不會第一次就立刻購買，所以你透過再行銷的方式去「提醒」他們，這樣的廣告成本比一般廣告成本低且成效更是好上許多倍！

除了 Facebook 廣告再行銷以外，對於到了銷售頁但沒有成交的人，我還再加上自動回覆信系統設定自動的 Email 信件來跟進追蹤！

這張圖是網站訪客進入名單蒐集頁輸入 Email 索取網路成交核心藍圖之後，系統會自動地處理程序。你可以看到網站訪客輸入資料索取後，等待 9 分鐘，系統會自動寄給他網路成交核心藍圖的下載網址。

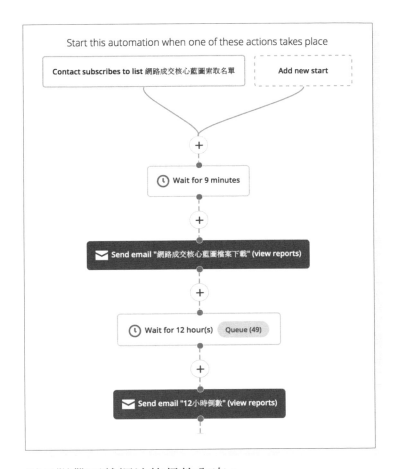

這是附帶下載網址的信件內容：

Hello,

很感謝你索取【網路成交核心藍圖】

這點這裡下載觀看

如果你想要更進一步讓我跟你分享更多實戰經驗和案例

那你絕對不能錯過

立即點我報名如何打造自動化網路印鈔機實體課程！

祝　學習愉快

Terry 傅靖晏

　　如果他沒有購買，那等待 12 個小時之後，系統就會再寄一封信給他！你在第一張圖看到 Queue（49）的意思是我截圖的這個時候，剛好有 49 個人在這個階段。

　　下面這是 12 個小時倒數的信件內容：

距離如何打造自動化網路印鈔機課程報名優惠剩下最後12小時

如果你要報名但還沒採取行動的話

現在就立刻行動吧！

點我報名！！！

在這堂課程我將和你分享......

- 打造網路印鈔機的3項核心思維
- 網路成交最重要的3大核心
- 打造網路印鈔機的3個關鍵步驟
- 2017年最重要的收入與獲利放大模式
- 怎麼發佈新聞稿、讓權威媒體幫你背書
- 如何把新聞媒體的效益放大（讓你獲得流量、可信度、知名度和實際業績與收入）
- LIVE Q&A（現場回答你網路行銷、事業經營的任何問題）
- 還有更多...更多...

優惠價格只剩下最後12小時

趕快把握機會報名吧！

==> http://bit.ly/2kVKF5k

我們課堂上見囉！

Terry 傅靖晏

你可以看到信件中也有倒數計時器，這和網站上的倒數計時器時間是同步的，每個人在不同的時間點進入這個行銷流程，所以每個人都會有獨立不同的時間！

如果他仍然沒有購買，在剩下 6 小時的時候，系統會再寄出最後一封信提醒他。

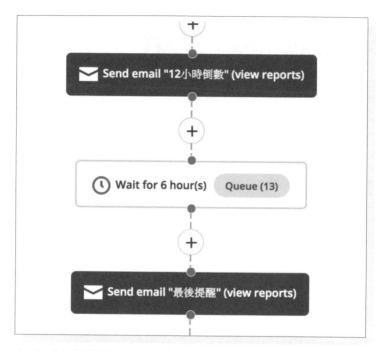

你在上圖看到 Queue（13）的意思是我截圖的這個時候，剛好有 13 個人在這個最後 6 小時的階段。

以下這張圖是最後提醒的信件內容：

距離如何打造自動化網路印鈔機課程報名優惠剩下最後6小時

如果你要報名但還沒採取行動的話

現在就立刻行動吧！

<u>點我報名！！！</u>

在這堂課程我將和你分享......

- 打造網路印鈔機的3項核心思維
- 網路成交最重要的3大核心
- 打造網路印鈔機的3個關鍵步驟
- 2017年最重要的收入與獲利放大模式
- 怎麼發佈新聞稿、讓權威媒體幫你背書
- 如何把新聞媒體的效益放大（讓你獲得流量、可信度、知名度和實際業績與收入）
- LIVE Q&A（現場回答你網路行銷、事業經營的任何問題）
- 還有更多...更多...

優惠價格進入最後倒數

趕快把握機會報名吧！

==> <u>http://bit.ly/2kVKF5k</u>

我們課堂上見囉！

Terry 傅靖晏

那如果有人填寫完報名表，但是沒有完成付費怎麼辦？

這就如同把產品加入購物車之後，沒有完成結帳的話，要怎麼處理？

如果發生這種情況，他在一個小時內都沒有完成訂單的話，我已經設定好系統會自動寄信提醒他。

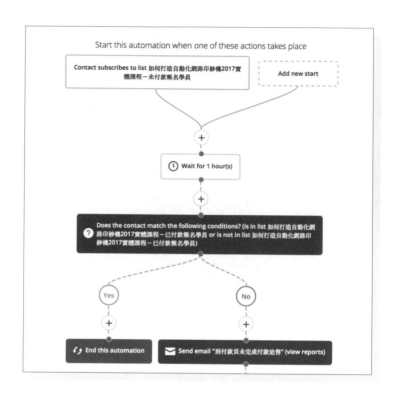

提醒的信件內容如下：

Hello

你好像忘了一件事......

我發現你有填寫完【如何打造自動化網路印鈔機】課程的報名表

但是你付款的部分還沒有完成

不知道這部份是不是有什麼地方需要協助的呢？

如果有的話，歡迎你回信告訴我喔！

如果你已經確定要報名了

可以到這邊重新完成付款報名喔

==> http://bit.ly/2lkcODl

期待在課堂上見到你！

Terry 傅靖晏

我想讀者們應該有發現，這一切都是自動的！

如果你也可以擁有這樣自動化成交的系統，你覺得對你的業務、對你的企業、對你的收入會有什麼樣不可思議的轉變和幫助呢？

接下來，我們再回到我的行銷流程圖。

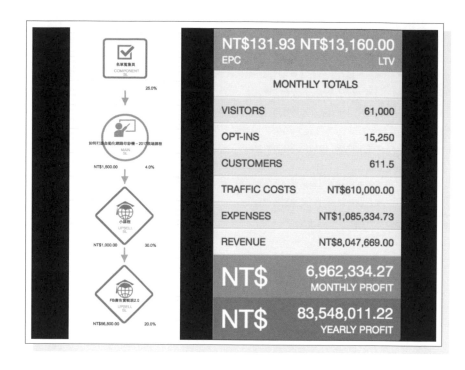

剛剛我們談了名單蒐集頁和初次成交的部分，你可以看到圖片左邊名單蒐集頁的右下角寫著 25%，那意思是 25% 的轉換率。

轉換率是指網站訪客到你的網站後，採取你想要他採取的行動的比例，像名單蒐集頁的目的是蒐集到潛在客戶名單，所以這邊的 25%，代表進入名單蒐集頁後，有 25% 的人會留下資料，也就是 100 個人進到我的名單蒐集頁，有 25 個人留下資料，這樣轉換率是 25/100，就是 25%！

因為這是試算表，所以這 25% 其實是我自己輸入設定為這樣的比例，透過這試算，我可以先預估後續能產生的收益，一般來說我都會低估轉換率、高估成本，這樣試算出來如果還能獲利，那實際情況往往會比試算更好！

例如這是我名單蒐集頁後台的實際轉換率數字：

ORDER: ↓Updated ∨ FILTER: All Labels ∨	UNIQUE VIEWS	OPT-INS	CONVERSION RATE
網路成交核心藍圖名單蒐集頁 STANDARD | PUBLISHED 5/5/2017	11932	4474	37.50%

你可以看到這就是我網路成交核心藍圖名單蒐集頁的數據，下方寫的日期是指我編輯這個網頁的最新日期，也就是我寫這段文字時候的時間，右邊的 11932 是指網站不重複瀏覽的次數，4474 則是到這個名單蒐集頁後加入名單的人數，最後就可以得出 4474/11932=37.50% 的轉換率。

如同前面所說的，我設定試算的轉換率是 25%，但實際的轉換率達到 37.50%，我試算時習慣低估轉換率，所以你看到這邊的實際情況比試算時要好，那後續的獲利，就可能比試算出來的表現更棒！

剛剛還有談到初次成交的部分，我在初次成交特別提案放了一堂實體課程，你可以在圖中看到我設定的轉換率是4.0%，這部分是我實際測出來的數據，轉換率其實是4.01%，

我後續輸入試算用 4.0%，接著到現場課程後，我會有兩個提案，你可以在圖中看到一個是 1,000 元的小課程，那邊的轉換率（成交率）我設定試算是 30%，不過實際成交率超過 72.36%、最高的時候甚至達到 81.82%！

最後一個提案是一堂 56,800 元的進階課程 FB 廣告實戰班 2.0，我設定試算的成交率是 20%，不過實際上的成交率最低是 21.05%，最高達到 40%！

這代表我全部的轉換率和成交率（現場活動我比較習慣稱為成交率，但意思相同）都低估！那我們再看看圖片右邊的試算表吧。

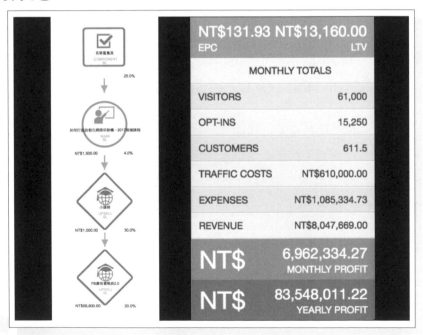

　　你可以看到最上面 NT$131.93 EPC（EPC：Earning Per Click 平均每一次點擊可以帶來的收益）是指每一個點擊（網站訪客）平均可以幫我帶來新台幣 131.93 元的營收，這是以我低估的轉換率和成交率得出來的值（以下亦同），換句話說，如果我購買付費廣告每一次點擊的成本只要低於 131.93 元，那我都是賺錢的！

　　右邊的 NT$13,160.00 LTV（LTV：客戶長期價值 Long Time Value 或客戶終身價值 Life Time Value 的縮寫）則是指在這個行銷流程中，我每一個付費客戶的價值是新台幣 13,160 元！這邊的付費客戶是代表用 1,500 元報名實體課程的學員。所以每一個報名的學員，價值不是你表面上看到的 1,500 元，透過整個行銷流程的運作，每一個報名實體課程的學員，對我來說平均會產生 13,160 元的營收！

　　在初次成交之前，我們把它稱為「前端」；初次成交之後，則叫做「後端」。

　　你的後端越強大，你平均每個客戶可以帶給你的收入也就越多，就像你看到光是這個行銷流程，初次成交 1,500 元之後，後面分別還有 1,000 元和 56,800 元，所以整體來說，跑完整個行銷流程，每個客戶的平均價值就從 1,500 元提升到 13,160 元了！

　　如果你的後端越強大，這個數字也就越大，也就是你每一位客戶為你帶來的價值越高！這意味著你取得一位客戶的成本，只要低於這個數字，那麼你仍然是賺錢的！這觀念非常重要，是你事業成敗的重要關鍵！

　　日前我有一位經營韓國明星服飾生意的學員問我：「老師，請問我取得一個客戶購買的成本是 200 元，算高嗎？然後購買成本可以再優化降低嗎？」

　　我回答：「其實高或低不是重點，重點在於你平均一個客戶 30 天內可以產生多少利潤給你，要看的是客戶的長期價值，不是單一個購買成本或名單成本是多少。

　　例如你花 200 元產生一個購買，但他可以帶給你的長期利潤是 400 元，那不就等於你每花 1 塊錢就能產生 2 塊錢的利潤，這樣你投入的錢越多，你產生的利潤也就越多，勝負的關鍵就在於你能不能讓後端的利潤再更高！只要你透過後續的追售、行銷流程的設計等等讓後端可以賺更多錢，那麼當你後端賺得越多，代表你前端可以爭取一個客戶購買成本的承受金額就越高，這才是真正勝負的關鍵！」

　　這邊再次強調一個很重要的觀念，你的重點不該放在降低成本，你要的是快速找到賺錢的模式，透過行銷流程的設計來放大你的後端獲利，這才是關鍵！

因為你要降低成本能降的空間有限，而你花費的心力和情緒起伏成本則遠遠高出你想盡辦法所降低的成本（省下來的錢）許多！

與其如此，倒不如把焦點放在做深後端和放大你的前端，那所帶來的獲利必定遠大於你所能降低的那一點成本了！當你前端可以承受的客戶取得成本越高，基本上你的廣告、你的事業發展就會遠遠超過競爭對手了！

接著你看到的 61,000 是指點擊人數（網站訪客人數），我這邊設定每個月如果有 61,000 人進到我的名單蒐集頁，也就是平均一天 2,000 人左右進來，那會有什麼結果呢？

對照左邊的行銷流程，名單蒐集頁有 25% 的轉換率，所以一個月下來我會有 15,250 個新的潛在客戶名單，實體課程成交率 4.0%，那麼就會產生 611.5 個人報名進入我的實體課程，這也就是我的初次成交。

接著你看到 P109 頁圖中顯示的 TRAFFIC COSTS 是指流量的花費，我這邊設定一次點擊成本為新台幣 10 塊錢，所以一個月 61,000 人點擊進入我的名單蒐集頁，流量成本就是 61 萬。

接著 EXPENSES 代表我一個月的總成本，這是包含客戶刷卡我要支付的交易手續費、課程場地的費用和流量成本等

等，你這邊可以看到一個月的總成本是新台幣 1,085,334.73 元。

REVENUE 就是月營收（月營業額），這邊是新台幣 8,047,669 元。

扣除成本之後，月淨利是 6,962,334.27 元，年淨利則是 83,548,011.22 元！

你可以在下圖看到平均每天、每週、每月和每年的各項數據分析：

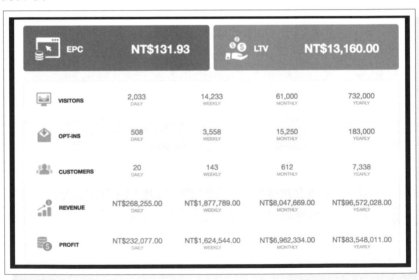

分享到這裡，不知道你看完之後有什麼感想呢？

你有沒有發現，我低估了轉換率和成交率，同時我在成本的部分則是高估實際成本，但試算出來的結果，這個行銷流程仍然有很不錯的獲利！

這樣讓我在執行的時候更有把握，而且結果是可以預期的！打造一個自動化且可以預期的系統，這在事業發展上非常、非常重要！

當整個行銷流程的數據和結果你都可以像這樣掌握，那麼你會發現到，你想要多少獲利，就引導多少流量進入名單蒐集頁就可以了！而由於是使用付費流量，所以你想引導多少流量進來，幾乎都可以自行決定！

換句話說，你的收入和獲利也可以自行決定！

很多人在經營事業的時候都是依靠「希望」在運作，有期待、有夢想很棒，但你不能靠希望來經營你的事業！

你不能只想著試試看這個方法、用用看那個方式，然後「希望」會有好的結果。希望不是一種策略！

如果你想要實際去體驗這整個行銷流程、觀看網頁和銷售影片，那你可以到這個網址 ==> bit.ly/2kXgOrz

提案

最後一個部分、也是第三個部分則為**提案**！

提案簡單來說就是你提供的解決方案，它是幫助你客戶解決問題、讓他得到他想要的、使他的人生變得更好的工具和途徑！

你想要完成前面說的網路印鈔機，就必須要打造一個讓人無法拒絕的提案！這樣才能用最輕鬆不費力的方式，讓整台印鈔機順利運轉！

不過要想打造一個令人無法拒絕的提案，你首先要瞭解，「**需要**」和「**想要**」的差別！

你覺得是「需要」會讓你賺錢，還是「想要」會讓你賺錢呢？

我每次問這個問題的時候，兩種答案都有人回答，不過我想告訴你的是，即使需要，但客戶不一定會願意「花錢」解決這個問題。

例如我有學員是做快速記憶的教學，我問他：「你的目標客戶是誰？」

他告訴我，每個人都需要提升記憶力！不論是小孩、年輕

人、中年人、老年人都需要提升記憶力！所以他的產品是人人都需要的！

但實際上，即使每個人都需要提升記憶力，但會願意「花錢」去提升記憶力的，卻不是每個人！

你覺得老年人會想花錢去上課提升記憶力嗎？或是年輕人、中年人會願意花錢提升自己的記憶力嗎？

他們真正的顧客來源、真正會花錢上課的目標客戶，大多都是學生！

（當然花錢投資學費的不是學生自己，是家長，但我想你瞭解重點了，即使需要，但願不願意花錢在那上面，完全是兩回事！）

可是「想要」，卻會讓客戶迫不及待把錢掏出來！

想想蘋果公司每年發表的 iPhone 手機吧！

每年只要新的 iPhone 一上市，很多人會立刻換新款的，但他前一年買的 iPhone 難道不能用了嗎？還是他原本的 iPhone 真的無法滿足他的使用「需要」，非得要新的 iPhone 不可？

又或者每次 iPhone 剛開賣的時候，常有很多人徹夜排隊，

這些人真的有「需要」到非立刻擁有不可嗎？還是其實只是「想要」而已？

我想你已經有答案了，對嗎？

再來你要知道的是……

提案不是只講產品或服務本身，而是一個整體性的「解決方案」！

你要專注的是你的提案能幫你的目標客戶帶來的結果，而不是產品本身！

那麼，到底什麼是令人無法拒絕的提案？需要具備什麼條件呢？

簡單來說需要具備以下幾個要素：

★是你的目標客戶想要的、渴望的，甚至是夢寐以求的！

★必須要讓你的目標客戶相信真的可以幫助他得到他想要的結果。

★你的目標客戶要相信你。

★這個提案他有能力可以支付，或能讓他渴望到會想辦法支付！

★這個提案要讓目標對象覺得沒有風險，至少要風險很小

★要有證據證明你的提案真的有效！

但實際上，很多人能做到上述六點，卻還是無法成交……

因為少了最關鍵的環節……

現在讓我來告訴你，對方不買的真正原因吧！

大部分客戶不買，真正的原因是：

1. 他根本不相信他能做到你所說（要求他配合）的！

例如你是個健身教練，你要幫助他減重，然後幫他設計了一套飲食和運動的計畫，但他覺得他沒辦法做到你說的改變飲食和養成定時運動的習慣，所以即使你的產品再好，也沒辦法讓他迫不及待花錢購買！

2. 他沒有立刻購買的理由。

這就是我們前面說過的，他現在沒立即購買不會感到痛苦，也就是說，他不會覺得現在不買就錯失良機，以後沒那麼好的機會了，所以今天買和明天買沒有差，這個月買和下個月買也一樣，那他為什麼要現在就立刻買呢？

3. 他覺得你的產品對別人有效，但對他來說不會有用。

即使你已經提出了許多客戶見證，或是有很多科學的數據佐證，還是會有人覺得那對其他人有效，但對他來說不見得會有用。

接著我們來探討一個問題：為什麼吸金、詐騙的一堆人搶著加入？

我們以加入之後點廣告就可以賺大錢，以及把錢投進去、什麼都不用做就可以賺錢的來當例子……

我知道很多人每次看到新聞報導這類的事件，很正常的反應是認為那些人貪心，想要不勞而獲，所以才會加入並受騙。

我認同的確有人的心態是這樣，或是僥倖心理，還是賭一把的心態，想說不會那麼倒楣，他打算賺到了就先跑，無奈事與願違。

但除此之外，這樣的東西很多人搶著加入，另外一點是因為他們「相信」自己能做到「點廣告」和「把錢投進去」這樣的「工作」或「任務」，也就是這個「系統」的操作，是他們相信他們能夠做到的！

那麼重點是，你該如何破解這樣的狀況，打造一個令人無法拒絕的提案呢？

答案其實很簡單，那就是──把責任放到你的身上！

讓人採取行動、轉換率超水準的秘方

在我觀察、輔導、實踐過數百個網路行銷專案和輔導了上千名學員之後，我總結出最重要的三點：

1. 簡單

2. 有系統

3. 有超多、超強成功案例

只要你的提案符合這三點，那麼人們採取行動購買的機會將會大大的提高！

我們前面探討了許多關於提案的重點，你的提案擬定出來後，一一檢視我們前面所說的，讓你的提案符合令人無法拒絕提案的六大要素，再針對客戶不購買的三大原因著手，最後加入讓人採取行動的三點秘方，經過這樣的淬鍊後，我相信你的提案一定會讓你的目標客戶完全無法抗拒！

現在你瞭解了網路成交必備的三大核心，也知道了行銷最重要的關鍵，更清楚網路生意最重要的資產為何，你已經具備了網路行銷的重要認知，且應該已經有方向知道該從何著手了！

接著就讓我們進入最後一步……

15小時

「感謝文」

上個月我加入了VIP俱樂部，學會了急速行銷方程式，並在今天成功賣出了第一堂自己的資訊課程。（下面是客戶轉帳給我的截圖）

謝謝老師讓我這個菜鳥，在行銷這塊上得到不同的思維，體會到原來行銷不是產品戰，而是認知戰。原來東西越簡單，就越有效果！認真，感謝👍

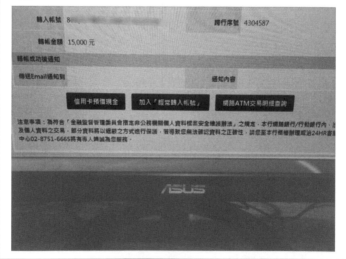

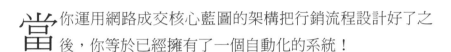

第五步：衡量結果、放大與優化

當你運用網路成交核心藍圖的架構把行銷流程設計好了之後，你等於已經擁有了一個自動化的系統！

請透過我們前面所說要準備的工具來建立這個系統：

（所有工具的網址和本書一切相關資源與更新你都可以到這邊看到，裡面也會包含所有軟體工具的使用教學 ==> terryfubooks.com）

★網站建立軟體

用來建立前面你看到的所有網頁。你只要會打字、會上網就有足夠能力可以辦到了！不需要會任何程式、美工，這軟體都有精美的樣板可以直接套用！使用費一個月只要 37 美金、大約是新台幣 1,100 元左右。

★自動回覆信系統

前面你看到的蒐集名單、自動發送跟進追蹤的 Email 等

電子郵件行銷都是用這個來做的,未來你要發信給你的電子報訂戶也是運用它來發送!使用費用一個月只要 9 美金,大約是新台幣不到 300 元,依照你的名單量多寡價格會不同,相信我,你未來會希望你這部分費用越高越好,因為那代表你的名單越多、客戶也越多,賺到的錢也越多!

★倒數計時器

網頁中、Email 裡面的倒數計時器,使用費用一個月只要 37 美金、大約是新台幣 1,100 元左右,這一樣依照你每個月產生的新名單量多寡價格會不同,同樣的,你未來會希望這部分費用越高越好的!

★線上金流系統

這是收款系統,要讓你的客戶可以透過各式各樣的方式付費給你!包括線上刷卡、刷卡分期、超商繳款、WebATM、ATM 轉帳付款等等,這線上金流系統只收交易時的手續費,不需要年費、設定費等其他費用。

所以你要建立整個系統、打造你的網路帝國,你總共只需要 37 美金＋9 美金＋37 美金＝83 美金(大約新台幣 2,500 元)就可以開始了!

你不覺得這真是太棒、太不可思議了嗎?

過去或在傳統你要做一個生意，你需要準備多少資金才可以啟動？

我記得我一開始做網路行銷，還不像現在有許多工具可以運用，光是建立一個基本的網站，不含自動回覆信系統、不含倒數計時器也不含線上金流等功能，最陽春的靜態網頁，就花了我新台幣三萬元來建置！

但現在只要 83 美金、大約新台幣 2,500 元就可以擁有比我過去花三萬元建置出來的還要強大的網站和系統！

而且當初我請人做那個網站，我把網站要放的內容全部給他後，還花了大概兩週的時間才全部完成；但是你只要用了我跟你分享的這些工具，網頁和信件內容準備好之後，你可以在三十分鐘內就全部完成！

就算你是新手比較慢，三小時我想也綽綽有餘了，和兩週的建置時間比起來，完全是天差地別啊！

這真的是有史以來最簡單、最快速、最低成本，輕鬆就能開始你網路事業的機會了！

系統規劃建置完成後，接下來你要開始測試它！

你需要得到實際的數據才能知道你在每一個環節的表現，才能讓你的事業變得可以預期，你才能擁有最大的掌握度！

所以你首先要做的是透過付費廣告開始引導你的目標客戶進入你的名單蒐集頁，有興趣的人留下 Email 之後進到銷售頁，這時候做初次成交！

有成交的恭喜你！他們成為了你買家名單中的一員！

你要持續創造價值，用你的產品和服務協助他們解決問題，讓他們的生活變得更好！

至於沒有成交的，因為已經加入你的電子報名單了，所以你可以透過 Email 自動跟進追蹤他，這一切運作都是透過軟體工具自動化的！即使你在睡覺，廣告還是持續跑，網站也 24 小時全年無休的運作，Email 自動回覆信系統也是自動追蹤跟進，所以你從此可以解放你的時間、你擁有了一個自動化系統、一台自動化的網路印鈔機！

當然，你也得到真正的自由！不再需要為了賺錢而工作！

當你跑完整個流程，一切都自動化之後，你會得到結果，你的任務就是要確保這整個行銷流程跑下來是賺錢的！這樣自動化才有意義！

你確認流程賺錢之後，接著要做的事情就是放大這個成果！

很多人在這個時刻容易犯的一個錯誤是，他們想讓既有的

表現更好！

於是得到結果是賺錢的之後，他們不是直接放大成果，反而希望調整得更好，例如名單蒐集頁的轉換率希望可以增加、初次成交的轉換率希望可以提升等等。

他們不斷努力去優化每一個環節，希望達到完美的表現後再放大！

但其實你的系統已經賺錢了，這時候對你來說最好的做法應該是先放大你的成果，讓你現有賺錢的系統快速賺進更多錢！並且在這過程中同步去測試優化你的系統，等你發現了更好的文案或流程可以提升整體表現後，再去替換你原來的即可，而不是先停下來，優化好了再放大，那樣你已經錯失了可以賺到更多錢的機會了……

因為很重要，所以我想再次跟你強調：正確的順序是得到賺錢的結果、放大、然後優化！

這點非常、非常重要，務必謹記在心！

5月18日 10:35

昨天參加Terry老師的FB廣告研討會,又再一次跌破我的眼鏡,因為每字每句都太關鍵了,以致於我幾乎一半時間都是站著聽講及拍照,印象中大概有10年沒能有任何一場講座能精采到讓我站著聽講,只能說內容實在太....給力了.....而且是聽完研討會回去馬上就可以上手運用的私密know how,因為還有配合小工具,很確定在台灣絕對沒什麼人知道,我個人做人做事的小怪癖是做任何一件事一定要有feel(這個....Terry老師懂...呵呵),沒feel應該沒人可以勉強我做任何事,對於這堂分享會,我只能說太....有feel了,這內容幾乎是目前FB當道的網路年代,我認為含金量最高的內容,如果您目前在網路行銷或流量遇到障礙,我相信在這堂研討會中你可以找到解答.....下次如果還有,誠心建議排除萬難都要來參加.....既然都講成這樣了........如果真有任何一位上完覺得不滿意,可以直接私訊我,因為還浪費你的時間到現場,也是不太好意思....乾脆這樣好了.....你花多少錢,我雙倍賠給你,還請你吃個飯賠罪...........呵呵........總而言之,趕緊私訊問一下Terry老師何時還有研討會吧......

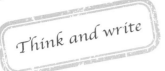

Think and write

你知道自己為誰而戰、為何而戰嗎？

（找出你之所以努力不懈的動機，你將無人能擋！）

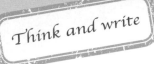

按照前面所學，
規劃出你的行銷流程！

對你來說，
人生中最重要的是什麼？

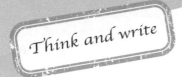

Think and write

Part 3

10大關鍵打造 收入無上限的事業

第一項關鍵：
明確你要的結果是什麼

不論你是企業老闆、網路賣家、業務人員、上班族、家庭主婦或學生，前面和你分享的這五個步驟，只要你確實去實踐，相信都可以幫助你往「快樂自由族」的生活一步步邁進！

接下來為了幫助你更順利的打造自動化系統，並且讓你的事業發展更加穩健且快速，這邊我想跟你分享 10 大關鍵，這是讓你的自動化系統得以發揮最大效益、事業也能倍速前進的關鍵要素，請一定要仔細閱讀！

我們在前面談了要把你的目標具體化、明確化，同樣的道理，在你打造你的自動化系統之前，甚至開始你的事業之前，你必須要很確定自己想要得到什麼樣的結果，你希望你的自動化系統幫你達到什麼樣的具體成果呢？你想要你的事業發展到什麼樣的境界？你想要成為什麼樣的人？過什麼樣的生活？你未來理想的生活型態是怎麼樣的？

以我前面說的自動化行銷流程來說，我一開始先寫下了六

點我想要的結果：

1. 一個可以自動化的流程。

2. 想要倍增收入的時候可以輕鬆簡單的放大。

3. 可預期的結果。

4. 為別人創造價值。

5. 建立善意和信任感。

6. 帶領新人入門、讓原本不知道我的人知道我。

這些就是我要的結果，你的呢？

你得先把你想要的結果一一列下來！明確深刻到能帶給你力量！

除了寫下你想要的結果之外，另外一個可以更徹底推升這股力量的，就是──「親眼目睹」！

以上面我寫的自動化行銷流程來說，我寫下了六點我要的結果，但這些只是寫在紙上或打在電腦文件檔案裡面，不過「親眼目睹」的威力無比巨大，那要怎麼運用出來呢？

就以我想要的六個結果為例：

1. 一個可以自動化的流程

我先去看這個世界上是不是有人辦到這件事?他們怎麼辦到的?他們的流程怎麼安排?每一個部分長什麼樣子?運用什麼工具軟體?他們的提案是什麼?他們的目標客戶是誰?

你發現了嗎?如果我這樣去做了,那我不僅「看見」了自動化的流程具體怎麼運作、長什麼樣子、感受到它的威力,同時也學習到了他們的策略與方法,可以讓我借鏡,甚至消化吸收後轉換運用到我自己的自動化行銷流程裡面!

「運用經驗,受益無窮;自創經驗,頭破血流。」

學習可以讓你少走彎路,站在巨人的肩膀上前進,這是最佔便宜的事!

2. 想要倍增收入的時候可以輕鬆簡單的放大

也是一樣的道理,我同樣會去看這個世界上有誰可以輕鬆、快速的倍增收入!倍增收入的方法有哪些?這個過程是不是能夠自動化?就像前一點說的,看到了實際案例,甚至有確切的實際數據,會比只把這點寫在紙上或打在電腦檔案裡面讓自己更有感覺!

像我每週會閱讀商業雜誌,裡面就有很多成功的故事和報導,從中可以看到很多從零開始獲致成功的企業故事,也能看

見營收與獲利不斷成長的案例，這些都可以算是「親眼目睹」、「視覺化」的實際運用。

3. 可預期的結果

我們在前面的章節分享過我的行銷流程試算表，透過那樣的試算表，讓一切變得很清楚而且可以預期，不再毫無頭緒沒有方向的亂衝，不會只靠感覺和希望在經營事業，所有的環節都是一目瞭然的！

而且這樣也是一種親眼目睹、視覺化的有效運用方式！他會讓你的大腦裡面有畫面，讓你的大腦像是 GPS 一樣，可以引領你往你的目標前進！

4. 為別人創造價值

為別人創造價值就相當於幫助別人帶來正向的改變，我會去看過去學員給我的見證與回饋，讓自己「複習」我做的事情是如何幫助別人改變生命、讓他們過得更好，甚至也讓他們給家人更好的生活、實現他們的理想夢想！

我在 2009 年剛開始踏入網路行銷的教育培訓時，一位大學快要畢業的女生來上我的課，她在畢業前半年就開始兼差做房仲，之所以會這樣是因為她的夢想是去澳洲留學，她來上課的時候一個月已經有大約新台幣 4 ～ 5 萬元的收入，而她那

時候還在就學、快要畢業而已。她那時告訴我，她要存到 200 萬然後去澳洲，她說這就要靠我了！希望上我的課可以幫助她完成這個夢想！

結果上完課後不到三個月，她的月收入就突破 10 萬，大概半年後達到 15 萬的月收入！

在一次和學員的尾牙聚餐時，她很興奮地跟我說，她下個月要去澳洲了！她存到了這 200 萬的夢想基金！她說她很謝謝我，讓她可以實現夢想！

聽到她的好消息，我比誰都還要高興，這就是我熱愛教育訓練的原因！教育訓練改變了我的一生，我也希望把這樣的改變帶給更多人！

如果你一開始還沒有這些見證或回饋也沒關係，你可以先看看你的同行，有誰幫助別人創造了價值，有許多滿意的客戶和回饋，去看看那些回饋吧，想像那就是你未來的客戶們、受你幫助的人們寫給你的，你會擁有極大的感動與滿足！

5. 建立善意和信任感

你在本書中看到的學員分享，是許多學員他們回饋給我的成果或是心得感想，但我跟你一樣不是一開始就有客戶支持，一開始的時候什麼都沒有，我是從寫部落格，到「YAHOO 知

識＋」去看大家問的網路行銷相關問題，然後錄製影片回答那些問題，接著張貼到我的部落格上，再回去「知識＋」把我的部落格影片連結貼上去，跟他說我錄了一段影片回答他的問題！

做這些事情的時候我沒有收他任何一毛錢，但給予的力量威力無窮，我無償做了這件事，我先幫助別人，最終這善的循環就會回到我身上，踏出第一步去做這樣的付出和給予，在你開始建立善意的同時，你會看到信任感也逐步建立，同時也讓更多善意回到你身上！

6. 帶領新人入門、讓原本不知道我的人知道我

由於我訂閱了大量的網路行銷相關電子報和資訊，在很多國外網路行銷高手平常的行銷流程、信件、直播、影片、廣告等等，我看見他們使用各自的方法去開發市場，讓原本不認識他們的人認識他，當你親眼看見有人做得很好、辦到了你過去認為不可能的事情，那會衝擊你的認知，並且重新撰寫你的信念！

一旦你看得多了，你的大腦認知那是常態，實際上會增加你辦到的可能性！所以不論你的目標是什麼，你只要善用這樣的方法，讓你大腦裡面「有畫面」，成功機率會比讓大腦「自動巡航」還要大得多！

　　成功者都是結論式思考者！也就是你要知道你的終點在哪裡，然後往回推你要做什麼才可以到達你想要的位置！

　　先列出你要的，運用親眼目睹、視覺化的力量，然後再千方百計去完成它！找到需要的資源、學習需要具備的能力，持續不斷往目標前進，這是你能夠實現夢想的關鍵！

4月14日 23:26 · Taichung

這雖然是一場免費的線上研討會.不過我能肯定的是
這是一場價值連城的研討會
個人長期服務中小企業.深感大部分的企業
其實都把錢燒在不需要的地方
TERRY老師今天短短的兩個小時.其實已經勾出很多企業主需要的東西
從用WP架站E-commerce.銷售頁面.流量導引.廣告採買
名單收集.轉換.建立聯盟行銷大軍.到email再行銷
根本是一條龍的內容.相信每個參與者只要針對自己不足地方
扎根找答案專精.肯定能令業績倍增
這套方法企業可以收穫.小資創業更是沒問題
TERRY老師無私的分享.有問必答的作風
相信是大家值得追隨的明師

收回讚 · 留言

第二項關鍵：先予後取

我常被學員問到關於訂價的問題，例如有學員想要開始一個資訊型產品事業，常會問我價格應該怎麼訂比較好？公定價是多少？諸如此類的問題。

其實關於這個問題，我的回答是這樣的：你不需要去管別人賣什麼價錢、也不用管什麼公定價，其他人都怎樣做、怎樣賣，那不關你的事，沒有人規定一定要照那些對手的規則走，你不需要依循那樣的框架行事。

什麼是最好的訂價方式？你列出你將提供的產品和服務之後，你認為你收多少錢來提供這些產品以及服務，你還會感到滿足與開心的，那就是最好的定價！

如果你一味地依照所謂的「公定價」來訂你的價格，那麼，萬一這個價格其實你並不滿意，客戶買單付款後，你提供了產品與服務，可是因為你不滿意，所以自然你的服務態度不會太好，可能服務也沒辦法讓客戶滿意，客戶有問題想要找你或問你，你可能心裡會想：我才賺你多少錢而已，問題還那麼多……

雖然這是你心裡的 OS，並沒說出來，但其實客戶會感受到的，那這樣你和客戶的關係很難有多好，口碑傳出去後，對你一點幫助都沒有……

但如果你訂的是你滿意的價格，那情況就完全不同了，你感覺到收這樣的錢提供相關的產品和服務很滿足、很開心，這樣你會有最好的服務態度，客戶自然也會感受到，這樣的客戶關係和口碑，會讓你的生意越做越好，這樣的定價，就是最好的定價！

但這時候有人就會擔心了，可是萬一我的價格跟對手比起來太貴，賣不出去怎麼辦？

「沒有賣不出去的價格、只有不會賣的人！」

同樣的產品，不一樣的人來賣，結果是截然不同的！就像在業務單位裡面，一模一樣的產品方案和價格，有些人的業績非常好，但有些人業績則非常慘澹。

一個人之所以會變成你的客戶、向你購買產品或服務，是因為他知道你、相信你、喜歡你。

那你要怎麼樣讓人知道你？接著相信你？然後喜歡你呢？

先予後取是其中很重要的關鍵！

簡單來說，先給予別人想要的，先幫助別人解決問題，以創造價值為起點！

如果你要建立善意與信任，那麼你要想辦法先給予對方價值！你要先讓對方有所獲得，這也就是為什麼我會從名單蒐集頁開始，先給「網路成交核心藍圖」，這就是先給予對方價值！

我們透過付費廣告去接觸潛在客戶，讓他們知道我們，同時我們給出去的訊息是對方要的，能幫助對方往目標和夢想推進，這樣就可以初步建立善意，當你提供的是真正對你的目標客戶有幫助的，他感受到價值後，信任就會自然地建立起來，接著你站在他的角度了解他的問題、提供幫助，並且展現真實的自我，那麼最後你自然會吸引到認同你理念、喜歡真實的你的理想客戶！

> ⌄
>
> 11小時
>
> 最近我運用老師平常教的和分享的案例談成了一個平台在台灣區總代理商的合作案，對方還邀我成為乾股股東，擔任行銷顧問和執行助理，其實不我口才或能力好，我只是運用老師上課和直播時的案例經驗，提出對方問題的解決方案而已，就這樣成就了一筆合作案。謝謝老師和同學，用那麼多不同行業的案例分享教學，今年迄今，我運用這些方法促成了四個合作案。老師謝謝你!你的行銷策略心法太強，太好用了，用到我會怕，因為我真的沒有那麼多實務經驗。

第三項關鍵：縮短由潛在客戶變成付費客戶的時間

從潛在客戶加入你的名單，一直到初次成交、跟你買了第一樣產品或服務，也就是跟你做了第一筆生意，這個時間差對你的生意發展來說非常重要！

一家企業可以長久經營下去的關鍵，往往不在於你的理念有多好、規劃有多麼遠大，甚至不是你的行銷策略有多麼優異，還是你的產品有多麼突出，更不是你的能力有多強、人才有多豐沛等等……

往往決定企業生存與否的關鍵，就在於「**現金流**」！

對於中小企業或微型企業來說更是如此！所以為什麼我說你要縮短由潛在客戶變成付費客戶的時間，這時間差為什麼那麼重要，原因就在於這直接和你的現金流有關！

如果你今天擁有很雄厚的資金，那或許在你剛開始創業現金流不會對你有太大的影響，可是我知道大部分的人可能跟我一樣，初創業沒有太多的資金可以燒，好吧，即使有，我也不建議你用燒錢的方式來開始你的事業。

　　如果我們能在一開始進入市場之前就確定能賺錢，或一進入就能很快速地擁有付費客戶、取得正向的現金流，這不是很棒的一件事嗎？

　　如果今天你的時間差很大，例如你的潛在客戶加入你的名單，三年後他才開始購買，跟你做第一筆生意，那你的現金流就會遇到很大的挑戰……

　　因為你花了廣告費、你投入成本把人帶進來你的自動化成交系統，但到真正成交需要三年的時間，這樣你可能還不到三年，公司就已經支撐不下去了，這就是為什麼我說要盡可能縮短從潛在客戶變成付費客戶的時間！

　　我曾經遇過一個案例，他設計了一個成交流程，整個流程下來，他應該是可以獲利的，但實際去跑了流程之後，他卻遇到了財務的困境，到底發生什麼事呢？

　　原因出在他變現的速度太慢了！也就是我們剛剛講的時間差的問題。

　　他的產品是美容保養品，設計的流程是透過 FB 廣告引導進入名單蒐集頁，註冊完畢加入他的名單之後，接著就會到免費奢品體驗會的報名網頁，有興趣的人看到報名，接著就到產品體驗會的現場，然後對客戶進行產品的解說和試用，最後推單成交。

　　這整個過程下來，扣除廣告費和相關成本實際上他是有盈餘的，但是他仍然遇到財務上的挑戰，因為從廣告接觸開始直到產品體驗會的現場，最多需要費時一個月！因為他每個月只辦一次體驗會，但廣告費每天都在支出，同時因為一個月只有一場，所以即使有些電子報訂戶當下看到想要參加，若是時間上不能配合的話，基本上成交的時間就會拖得更長！

　　那要怎麼修正這點呢？

　　我想你應該看出來了，很簡單！可以立即做的是增加產品體驗會的場次，例如從原本的一個月一次變成兩次或更多，光是這樣就能讓潛在客戶的時間問題稍減，同時縮短成交變現的時間差！

　　不過你要理解很重要的一點是，不是每個人都會因為同樣的成交方式被你成交！你的成交方式越多元，你的整體成交率就會更高，獲利的潛力也會更大！所以產品體驗會只是成交方式的一種，不能作為全部！

　　要更有效縮短變現時間差、更快讓潛在客戶變成付費客戶，重點就在第四項關鍵……

太棒的分享，我昨天也收到「1 小時 43 分鐘創造 117 萬的收入！！」這封信，看完只能更配服Terry fu老師化繁為簡的行銷功力。每次看老師的文字e-mail都會有畫面出現，腦子會自然浮現發光燈炮 💡 的符號。還會一直發出登登聲音。

看信同時就好像老師直接面對面和我說話一樣，總是會說中我的痛點，也會讓我產生更多的點子。

感謝在我人生的轉折點認識Terry fu這樣的良師，感恩老師在年初的百萬年金行銷藍圖課程，帶領我們實際操練，也讓我跨出自己的第一步，直接在個人fb公開銷售，沒想到真的有收獲。就像昨天信裡第二點說的：開宗明義完全透明的表示你的意圖、不遮遮掩掩的。

最後再和各位分享老師信裡曾提到的一句話：學習很重要，但是千萬不能亂學，學錯，真的比不學，還要嚴重一萬倍以上！
在一個領域，你只要拜一位對的老師，學到他所有的招式，直到你去做，做出了績效之後，再去上其他老師的課程，相信你的事業一定能夠展翅高飛。共勉之 ＾＾

第四項關鍵：一定要一開始就做 第一次銷售

我知道有些人可能會想一開始要傳達善意、建立信任，進入你的名單後要先培養感情，分享有價值的資訊給他，接下來再找機會做銷售。

OK，這當然也是一種方式。

不過呢，這在過去或許比較行得通，但是現在的話不見得是一件好事。

首先這樣會讓你從潛在客戶變成付費客戶的時間拉長，再來如果你一開始就一直給免費、一直給免費、一直給免費～

事實上網路上有很多免費資訊，你一開始沒有做銷售的話，你對你的潛在客戶來說，就只是「另外一個免費的提供來源」。

而且你一開始就一直給免費，突然哪一天你要銷售的時候，你的潛在客戶可能會變得很反感！也許會退訂你的電子報，甚至寫信罵你！！

別懷疑，這的確是真實發生過的！

我有一位學員他是營養師，他們公司賣的產品是保健食品，因為他是營養師，所以他常會在他的 FB 粉絲頁分享一些有價值的文章和內容，例如保健的知識、營養攝取的要點和注意事項等等……

不過他跟我說他覺得很掙扎的一點是，每次他分享這些有價值的內容，大家都感覺很棒、很開心，很喜歡他分享的資訊，很多人按讚、留言或分享；可是他說他不知道該怎麼切入銷售。

有一次他推出他的產品提案，大家的反應變得非常冷淡，甚至有些人回信、發訊息跟他說類似這樣的話：「你怎麼變成這樣子」、「你怎麼開始賣東西了，原來你只是想賺我們的錢喔」、「你怎麼變得那麼勢利啊！」、「你怎麼會有這種商業行為呢？真是太讓我失望了」……

他感覺很難過，問我該怎麼辦？

那麼問題到底出在哪裡呢？

其實他的問題就是：他沒有一開始就明確地讓客戶知道他會銷售！

所以大家把他當成免費的提供者、免費資訊的來源，他即使建立了善意、建立了一定的信任，可是因為大家認為他是免

費的提供者，所以當他有銷售行為的時候，大家就會很反感、他們不能接受，他們會覺得我這個學員怎麼會變了一個人？

這個概念就像是一個做了很多壞事、形象很差的人，突然做了一件好事，那麼這時候大家的反應會是什麼？

大家可能會說：哇，原來他也會做好事耶！他居然會幫助人，接著大家可能就對他改觀了，大家想：原來他也不是那麼壞嘛！

但是如果今天換成一個做了很多好事、形象很好的人，不過他卻做了一件壞事呢？

例如一個好好先生、好人好事的代表，突然有一天他做了一件壞事，大家發現了之後會怎麼講他呢？

啊～原來他是一個偽君子、根本就是披著羊皮的狼，這個人好假喔，原來他都是騙人的，我們還以為他有多好，沒想到骨子裡是這樣的人……

你有發現其中的差別嗎？

你不覺得這很不公平嗎？

一個是過去一直做了很多壞事，就做了一件好事；

一個是過去一直做了很多好事，就做了一件壞事……

可是給人們的觀感卻大大的不同！

這樣的事實有震撼到你嗎？

不過實際上真的就是這樣子，這就是人性。

所以你要理解的是，為什麼我說一開始就一定要銷售？

除了從潛在客戶到付費客戶的時間可以縮短以外，還會讓你的現金流狀況更好，你可以更快地打平廣告費、更快地得到買家名單！

第二個就是如果你一開始就做銷售，你的客戶就不會有一種錯覺，覺得你是免費的提供者，好像你一銷售就變成一個十惡不赦的大壞蛋，可是你根本就不是這樣的人啊！

所以你建立名單後立刻銷售，就可以避免掉這個問題，這會讓你未來的銷售更順利、讓你的事業發展得更好！

這邊我要再次奉勸你，你絕對要一開始就做第一次的銷售！

你要盡可能去做，在最短的時間讓你的目標客戶瞭解你會銷售，這點很重要！

你可能會覺得很奇怪，我怎麼會用這樣的比喻，但我要講清楚，銷售本身並不是壞事，而是好事喔，因為那是你用你的

產品、用你的服務來幫助你的目標客戶解決問題、實現夢想，這絕對是好事！

我舉這樣的例子只是要讓你理解這概念而已。

你要記得你不是為了銷售而銷售、不是為了要賺錢而銷售，你的產品或服務是真的對目標客戶想要的結果有幫助的，可以讓他更靠近他的理想和夢想，所以這時你銷售你的產品或服務是在幫助你的目標客戶，在這同時，你還能夠賺到錢，這是你必須具備的信念！

我是一個潛水已久的塵世迷途羔羊
直到最近想轉行不小心滑進了5/31號的你問我答直播

對於我這個從來不看直播的人
好奇心驅使下我既然看了2個小時看完

我沒想到Terry老師的心法
舉個百大行業中的其中一行的例子做為行銷攻略卻都能夠攻克各大行業

心法 --- 思維 觀念 邏輯 創新
看完這個直播
對於我這個小綿羊來說
我已有成為大野狼的信心了！

PS:我還不認識Terry老師
看完直播後我好像認識Terry老師

第五項關鍵：不論你銷售什麼，你一定要有資訊型產品做搭配

「不論你銷售什麼，你一定要有資訊型產品做搭配。」這是我在演講和課堂上不斷強調的重點！

分享完前面的行銷實戰流程後，我知道一定會有些讀者說，他的產品是實體產品，不像我的是資訊型產品，那我分享的模式是不是不適合他使用呢？

資訊型產品簡單來說就是把你的知識、人生經驗或專長等資訊變成有價產品，藉此來銷售獲利！資訊型產品常見的形式有電子書、實體書、線上影片、DVD、線上演講、實體演講、線上課程、實體課程、一對多團體諮詢、一對一諮詢等……。

我要告訴你的是，完全沒有不適合這回事！

不論你賣實體產品或虛擬產品，或者應該說不論你賣的產品是什麼，資訊型產品都是你一定要做的！

資訊型產品的特性是物理成本很低，但它能創造的價值卻很高！

同時資訊型產品是教育你的客戶和奠定你在客戶心目中地位最好的方式！

如果你都跟你同行做一樣的事，實際上你的目標客戶無法判斷誰優誰劣，他們根本無法分辨差異！大家都說自己的產品好，都說自己的價格優、服務佳，大家都在強調這些，但是客戶根本無法認知和感受到你產品的價值與差別。

行銷是一場認知戰、不是產品戰！

產品好只是基本，你要怎麼讓客戶認知和感受到你的產品很好，並且能夠真正幫助到自己，甚至他應該要選擇你而不是選擇別人呢？

這個時候，資訊型產品就是一個強大的利器、也是一個很重要的環節！

它可以讓你用最低的成本、最省力的方式辦到這點，並建立客戶對你的好感與信任，而不用像傳統的品牌行銷非得要投入一大筆資金才能辦到。

當你有了資訊型產品之後，你就是你行業的專家、就是你行業的權威，在行業中你的品牌就會脫穎而出，因為你的資訊型產品給了對客戶有幫助且和你產品相關的有用資訊，例如你

是賣美容保養品，如果你寫了一本電子書或錄製影片教你的目標客戶美容保養的資訊與秘訣，她看完之後覺得對她有幫助，甚至她照著你教的去做，的確改善了膚質、得到了她想要的結果，那你覺得她對你的好感、認同與信任會不會比對你的競爭對手更高呢？

當你推薦你的產品、推薦你的解決方案給她的時候，接受度是不是也完全不一樣？

如果你的資訊型產品策略正確，你就會擁有對你目標客戶的影響力！

某個程度來說這有點像網紅，但資訊型產品給予你客戶的價值與實質幫助實際上是更高的！而且你的地位不僅是網紅，更是他心目中的專家、顧問甚至是權威！

你有思考過一樣是一杯咖啡，為什麼星巴克可以賣到新台幣 130 元、150 元，甚至更高？那又為什麼一杯即溶咖啡，可能只要 30 元、35 元？甚至有更低的？

很多人可能根本無法明確分辨兩者喝起來的差別，但是價格卻可以差那麼多，價格貴上好幾倍的消費者也願意買單，原因是星巴克這個品牌，讓人感覺它是咖啡的代名詞、它賣的是一種氛圍，它透過各種方式跟你溝通它的理念、溝通它的價值。

　　所以我們一樣可以透過資訊型產品跟你的目標客戶溝通你要給他們的想法、理念和價值，讓你在他們的心目中，佔據不一樣的位置！

　　當你做到這點，不僅僅你在客戶心中的地位起了翻天覆地的改變，你也可以就此擺脫價格戰的泥沼，擁有更高的價格與獲利！與此同時，你還會有更忠實的客戶以及更大的影響力！

第六項關鍵：後續的追售（後端）才是決勝關鍵！

這概念我們前面有提過，但因為太重要了，所以這邊我要再列出來提醒你。

你想一想如果我前面的行銷流程在 1,500 元的實體課程就停住了，而沒有後續的兩個提案的話，那麼我的客戶價值不但大幅降低，而且有可能會在我做付費廣告（例 FB 廣告）的時候我就誤認是賠錢的行銷專案而停止了。

在 Google 的 Adwords 廣告剛推出的時候，因為使用的人不多，所以相對來說廣告的價格非常便宜，那時候你很容易用很低的價格取得高品質的流量與客戶，所以許多人在那時候大賺了一筆！（大多數廣告平台的模式基本上是以競價為主，也就是誰的出價高，就會排在比較前面、獲得更多曝光，但如果你的廣告點擊率高、被認定為是很多人喜歡的「優質廣告」，那麼你的廣告成本相對其他人會較低且擁有更多曝光。）

不過隨著刊登廣告的人越來越多，價格也就越競標越高，流量成本相對的就提高了，很多人因為成本的提高，導致原本

賺錢的廣告專案變成賠錢的，這也讓他們沒辦法繼續刊登廣告，許多人因此抱怨好光景不再，生意越來越難做……

同樣的情況也發生在 Facebook 上。一開始很少人使用 Facebook 廣告的時候，廣告價格非常低，所以你能用很低的成本獲得流量和客戶，不過現在很多人上 Facebook 刊登廣告，於是廣告的價格也比以前高出不少！

你會聽到有人說 FB 廣告變得好貴，打廣告都只是燒錢沒有效果。廣告價格的提高的確有發生，可是如果你有後端的概念，如同前面你看到我的試算表，你會知道後端的利潤是非常驚人的，只要把行銷流程跑完，整體的營收和利潤可以無限制的擴張！

這時候即使市場上哀鴻遍野，抱怨廣告價格變高了，對你來說仍然沒有影響，甚至對你來說更有優勢，因為當你的對手都因為廣告價格的提高而無能為力、節節敗退的時候，你做深後端，同樣能保持高獲利！

這樣在其他人說廣告費太貴了、打廣告沒有用會賠錢的氛圍中，你就可以一枝獨秀！因為他們不明白後端才是關鍵！他們也不知道除了廣告本身以外，更該琢磨的是整體策略與流程的搭配。記得「網路成交核心藍圖」提到的流量、系統和提案嗎？廣告只不過是在流量這個環節而已，你的系統、你的提

案，必須環環相扣啊！

總而言之，當你擁有強大的後端，你可以產生的利潤就會倍數放大，前端看似賠錢的生意，你都可以變成賺錢的！

後端，才是決勝負真正的關鍵！也是你真正賺取龐大利潤的秘密！

前幾天，終於收到學生的實作成績單，並得到他學費的尾款20，000元。

我這次依舊用的是老師教的觀念，在面對客戶時，不能讓人覺得你只是想賺學費，而是用「先予後求」的方式，免費提供部分價值，讓他知道我們能解決他的痛點，成為更好的自己，而當他明白這個價值的快樂大於金錢損失的心痛，自然能順水推舟的做出銷售。

在上完課後我先收了5萬的學費，並跟他說你靠我的方式賺到錢再匯2萬就好。

謝謝Terry老師的教導，人家說江湖一點訣，說破不值錢，很多人覺得說破後太簡單，這麼簡單的「先予後求」怎麼可能，但就是因為簡單，大多數人根本沒有做過，也不願意做。

越簡單越有效，你認同嗎？

第七項關鍵：你一定要擁有把付費廣告轉變為獲利的能力

把付費廣告轉變成獲利，可以說是最穩定可靠、能獨立運作且幾乎不需要仰賴其他人的方法！

我想這輩子，你一定要學會並具備三種能力，當你具備這三種能力，你要窮都很困難！但如果你不具備的話，要有錢會很困難！

這三種能力分別是：創造流量的能力、建立名單的能力和銷售演講的能力！

創造流量的能力，更準確的說就是把付費廣告轉變成獲利的能力！這實際上也代表你擁有能夠找到精準客戶，並且可以達到成交的目標，進而獲利！這才是真正徹底掌握了這項能力。

在過去你想靠免費流量或許還可以支撐，不過現在資訊爆炸的時代，你的文章、影片等內容更難被看到，要爭取到被關注就變得更困難了。而且免費流量速度太慢也無法輕易擴張，像前面有提到我規劃這個行銷流程的目的之一，就是要能夠輕

鬆簡單的放大；但如果我使用的是免費流量，例如我寫文章、拍影片，希望大家可以主動搜尋找到我、主動幫我分享讓更多人看到，你覺得這樣有可能我想放大就能夠放大嗎？你覺得我能夠快速擴張嗎？

我想答案很清楚，不可能！

所以你一定要學會如何正確的使用付費廣告，並且能把花出去的廣告費，轉變為獲利。想像一下，如果你投入一塊錢的廣告費，就能回來三塊錢，那你打算投多少錢進去呢？我想答案應該是：有多少盡可能就投多少不是嗎？

創造財富最可靠且持續的方式，就是把付費廣告轉變為獲利！

付費廣告的管道有很多，但以網路行銷來講，目前最推薦的是使用 Facebook，因為它是最簡單、最容易上手的，而且 Facebook 的全球月活躍用戶數已達 16.5 億人、光是台灣的月活躍用戶數也達到 1,800 萬人！（資料來源：http://www.epochtimes.com/b5/16/7/19/n8115301.htm）

幾乎你能想像到的消費族群，全部都在上面！

你使用 Facebook，就可以接觸到任何你想接觸的目標客戶！

　　如果你的目標客戶在中國大陸，除了微信廣告之外，我想新浪微博的付費廣告也絕對是你不可或缺的重點！

　　當然付費廣告不限定於網路，任何只要能把你的目標客戶帶進你的自動化成交系統都是很棒的選擇！也是我建議你未來一定要有的佈局，跨媒體行銷，將能把你的事業推至另外一個高峰！

　　當你深入掌握這項能力，這基本上也就表示你幾乎可以推廣任何產品或服務、你可以切入任何市場，賺錢對你來說就像呼吸一樣自然，你也將會是眾人想爭相合作的對象！因為你等同掌握了——客戶！

學員分享

寄給 我 ▾

Terry老師您好：

真的非常謝謝您的來信！
看到您的回信這才知道為什麼這麼多的學員跟隨您。
沒有老師高高在上的態度，反倒都是以最親和的方式在面對許多學生的問題。
並且快速地解決學員的燃眉之急，對於一個急切的學員來說，真的是一場及時雨。
在此真的很感激您！

第八項關鍵：建立自動化成交系統

$想$要得到自由，我想「建立自動化成交系統」這點絕對是必備的！

我們前面談的整個自動化系統，它可以24小時持續運作，你閱讀本書的此刻，我的自動化系統仍然不斷幫我帶進新的潛在客戶名單，仍然不斷自動地成交訂單！

即使是在我睡覺的時候，系統仍舊不間斷的運作！

它不會因為我出去玩、我在睡覺、我去哪裡或我做任何事情而中斷或改變，它也不會鬧情緒沒心情工作，不論如何，它都持續不斷為我創造收入！

很多人看過「富爸爸，窮爸爸」系列書籍，知道 ESBI 四大象限，很希望可以打造系統、擁有被動收入。但有些人會陷入一些迷思，認為要進入 B 象限就是需要有一個超過 500 位員工以上的大企業。不過實際上，系統的定義是**你人不用在，一樣可以順利運作的業務！**

當你建立了我們前面說的自動化系統，你就可以做到這點！

然而要打造自動化系統，我發現最大的問題不在於完成每一個必備的環節，真正的挑戰在於「能否跨出第一步」！

大多數人沒辦法擁有自己理想的人生，往往問題不在於有沒有相關知識或經驗，知不知道怎麼做不是重點，重點在於根本連第一步都沒有跨出去！這個世界太多「思想的巨人、行動的侏儒」，也太多「講的嚇死人、做的笑死人」的人了……

在建立自動化行銷系統的過程中，還有一點也是許多人會犯的錯誤，那就是太要求完美！他們希望打造一個完美的系統，擁有一個強大的成交流程。我想這樣的意圖和目標不是壞事，可是他們過度複雜化了，往往因此而無法前進。

我這樣說好了，如果你前面的章節有仔細閱讀，那你可能會發現，我的這個實戰流程，其實整體來說是非常簡單的！我相信簡單才會有力量，你的商業模式越簡單，能夠複製的可能性就越高；你的商業模式越複雜，你要複製放大的可能性相對就越低……

大道至簡，簡而能全。這個世界的運作，其背後都是很簡單的法則。我接觸網路行銷這麼多年來，不論全世界哪一個地方，很多人之所以從來沒有成功建立起他們的自動化系統，

是因為他們覺得自己需要很龐大、很酷炫、很強力的系統和流程。

但實際上，你只需要很簡單的東西就可以讓一切開始順利的運作。如同我前面分享的那些元素就綽綽有餘了！你不需要龐大複雜的流程或工具才能辦到。簡單的幾個網頁、簡單的幾樣工具、簡單的幾封自動跟進信件，你就能擁有一個強而有力的自動化成交系統！

更感謝的是 就是因為你的十倍速組織拓展秘訣 讓我這陣子的名單爆增 也開始有良好的互動與反應了

如果沒有十倍速組織拓展秘訣 我搞不好已經陣亡了

 第九項關鍵：銷售提案太少、銷售頻率太低了

經營事業時，常會發生但可能大多數人都沒意識到的一個嚴重問題，就是他們實在太少做銷售、太少嘗試成交了！

他們跟客戶的每一次接觸，嘗試銷售的頻率，大多都太低了。通常會發生這種情況的原因，不外乎是對銷售有不正確的信念與認知、沒有成交的意識與想法，以及提案規劃的數量嚴重缺乏。

對於第一點，許多人對於銷售都有不正確的信念和認知，這邊我並不是要你為了銷售而銷售，也不是要你不斷地向你的名單和客戶推銷，而是應該在你每一次有機會和客戶接觸時，都給予客戶價值，與此同時，提出令客戶無法拒絕的提案，幫助你的客戶可以更進一步解決他的問題、往他渴望的目標邁進！

你要盡可能在每一次銷售時，都帶給客戶價值，還記得我們前面說的先予後取嗎？也就是說，你要先給客戶價值再向他

銷售你的產品或服務！

就像前面說的行銷流程，為什麼到最後即使我賣到 56,800 元，成交率還能那麼高？

因為即使是在 1,500 元的課程中，我也是用心盡力在教東西，把我的實戰經驗和流程完全分享出來，所有學員問的問題我都一一回答，而不是為了後續的銷售而藏私！

課程結束後，我對還想更進一步學習的人，提供一個特別且優惠的提案。只要前面的課程中他有得到很大的價值，而且我的提案是他想要的、可以幫助到他的，那麼成交就是再自然不過的事情了～

實際上你給他的提案（你的產品或服務），是讓你的客戶從他的現狀到達他理想狀態的橋樑、是讓你的客戶實現他夢想的途徑，你的銷售提案就是要幫他把橋樑搭起來，讓他可以實現他的夢想。

所以你的每一次銷售，都是讓你的客戶可以朝他的夢想更進一步，幫助他推進到下一個階段，這才是銷售的真義！

如果你有這樣的思維，你就不再覺得銷售是你要賺客戶的錢，銷售就不會是你要賣給客戶東西而已，這樣你也不會再害怕銷售、怕萬一客戶反感怎麼辦，因為你知道銷售的目的與真

相到底是什麼了……

而且你是先創造價值、幫助他往前推進之後你才做銷售、才開始給他你的提案，我相信你的客戶不但不會反感，反而會很喜歡你對他銷售，同時還會很感謝你呢！

所以從今天起，你應該要用這種正確的方式做銷售，還要提高你銷售的頻率，因為每一次銷售，都是幫助你的客戶更靠近夢想，同時還能讓你創造更高的收入，這樣雙贏的情況，何樂而不為呢？

再來第二點是沒有成交的意識與想法。

許多人腦海中沒有「成交」這個關鍵字！他們並不認為這是重要的，或者換個角度來說，他們覺得只要我的產品好，客戶就會自動上門，其實這是很大的迷思。

這個世界不缺好產品，缺的是能把產品賣出去的人！你有沒有聽過或看過，有些人說他的產品多好又多好，這推出一定大賣、市場上沒有對手的？可是你知道嗎，大多數這樣的創業者，結果都是走向了倒閉一途……

現在是一個資訊爆炸的時代，我們以出版業來說好了，你知道很多人說現在出書的都比買書的人還要多了，所以你會買這本書回家並且看到這裡，你知道這有多不容易嗎？據經濟

學人在 2013 年公佈的資料，台灣在 2013 年，每百萬人能享有的新書出版量為 1831 本，榮登全世界第二名，與斯洛維尼亞並列亞軍；冠軍則是英國的 2875 本。（資料來源：http://www.ettoday.net/news/20160218/649316.htm）

但是台灣的閱讀風氣實際上並不興盛，所以每年出版那麼多書，但買書的人卻很少的情況下，一本書要能被看見、被買回去閱讀，這是非常不容易的事！出版社必須要在這種環境下，搶到購書人的注意力，並且讓其採取購買行動。

同樣的道理，在剛剛說的產品也一樣，資訊爆炸時代產品和訊息這麼多，你能冀望你的目標客戶會自己主動上門找你的產品嗎？不是不可能，但你必須要有策略、有方法，同時要有驗證有效可以預期的成交流程才有可能辦到！

最後一點是提案規劃的數量嚴重缺乏。

曾經有一家公司的老闆，他想進入美容保養的市場，因為是剛剛創業，且沒有雄厚的資金和背景，當時該公司只能先研發與推出一組保養品，總共品項就是五支產品而已。他們每次方案就是整套一起賣，這導致他們的行銷活動變得很單調，沒有彈性且難以施展，即使他們公司產品不錯，但銷量和變化一直很有限，這點也嚴重影響到他們的業績。

能夠確實掌握這第九項關鍵、做到位的人很少，如果你能

做好這點，你的績效與獲利將會產生翻天覆地的改變！

我渴望成功!11月初看您以前的影片10倍速三堂免費研討會，完全
顛覆了我既有的思維及觀念!從您最早期的影片說的基本架構都是
相同，以及上個月在矽谷研討會說的，都是很基本的架構! 但是卻
很受用，只要去執行一切都不是問題!

在那一次的研討會，我有很大的收穫! 老師分享富爸爸那段事件，
確實就是我該學的銷售，自己很開心不用跑到大老遠去聽，就能聽
您分享的那種感覺!

10倍速研討會的三段影片，我拿去跟別人分享! 就誠如老師常常說
過的，有的人知道卻不去執行，執行一點點就沒下文! 當然就不去
研究為什麼他們不去執行這些簡單的事情!

對我而言! 我很感謝您~我也時常跟我母親 姊姊分享在您這裡學到
的知識及常識，他們也覺得這一、兩個月我成長不少!

第十項關鍵：持續不斷建立有累積性的資產

通常我們在做的事情都沒有累積性，或者說我們很少去考量到這點；所以不論做什麼，大部分都是做一次，然後就沒有後續的效益了。

舉個例子來說，假設上班族好了，他如果這個月有上班，那正常來說就會領到這個月的薪水，下個月有上班，就會領到下個月的薪水，不過一旦他停止上班，那還會有薪水嗎？

答案是不會了，那代表他做的事情是不會累積的（這邊單純以是否能持續創造收入的角度來說，不算其他情況喔。）

因為那是有做就有，沒有做就沒有。

那什麼叫做有累積性的資產呢？

我給它的定義是你只要做一次，或是你只要花很少的時間、精力去實施，但這東西是可以重複被運用的。像是可以持續帶來名單、持續帶來收益、持續地幫你賺錢。

這邊舉我今年在 W-Hotel 開的兩天高階網路行銷課程「百

萬美金行銷藍圖」為例，我那兩天特別請了曾在電視台任職的專業攝影師全程高畫質錄影，課程影片剪輯出爐後，就變成了我的其中一項產品，可以做為線上課程來做販售，或是也可以做為我其他產品的贈品來使用、增加提案的吸引力！

購買該課程的學員，我只要給他們觀看線上影片的權限，我完全不用重新再花兩天、再講一樣的內容，這兩天的課程我只講了一次，但未來可以持續幫我帶來收入！也可以讓我重複運用！

這就是有累積性的資產。

再舉個例子，我的「網路成交核心藍圖」也是一項有累積性的資產。

因為那個核心藍圖我把它寫好之後就沒再更動過，但每天都有人去下載觀看，也就是它每天都幫我持續不斷地建立潛在客戶的名單，同時也不斷地幫我為客戶創造價值、幫我教育客戶。

前面我分享的行銷流程也是一項有累積性的資產，我建立完成後，也一樣沒再更動過，不過它同樣每天都持續自動化的成交和自動追蹤未成交的名單！

試想一下，如果這些都是屬於你的，感覺怎麼樣？

如果你持續建立更多這樣有累積性的資產，對你的幫助和改變有多大呢？

再思考一下，如果你沒有建立有累積性的資產，你所有的業績和收入都必須透過持續不斷的努力才會有，一旦停下來就暫停了，那你的工作或你經營的事業，只不過是你用自己的勞力、精神、時間、甚至健康去換來的！

這樣的生活是你要的嗎？

從今天開始，開始著手建立有累積性的資產吧！

Terry老師您好：今天第一次見到您，也是第一次參加 ⬜⬜⬜⬜⬜ 20:32
課程，您本人跟 ⬜⬜⬜ 老師介紹的一樣，親切又令人敬佩！！
尤其是您提到：要成為有錢人，就是要先幫助別人或是給別人所需要的，即所謂的「創造價值」，這一點讓我印象深刻。而且聽完您的課，顛覆我過去對行銷的觀念，原來銷售也可以用這麼輕鬆又不激情的方式來呈現，而且一點也不會有違和感，很自然的帶入課程中。雖然您可以會覺得今天大家的反應冷冷的，不過以我來說，我是因為太震驚，需要時間消化，因此來不及回應您所提的問題。
總之，謝謝您今天的課程，非常有用，而且相當精彩。
最後，今天最可惜的地方就是，沒能課後跟老師您問候，因為我就是那位害羞不敢舉手，下課後又要急忙趕回屏東的人。

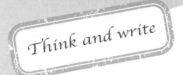

Think and write

你付費流量（廣告）的主要來源為何？

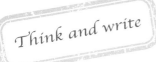

你有至少三種以上的銷售提案嗎？

（設計你的追售方案和追售系統，打造強而有力的後端！）

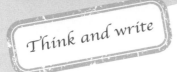

列出你目前擁有和未來規劃要建立的「有累積性的資產」！

Part 4

你值得擁有人生中最美好的一切

人生不是只有工作

從你翻開這本書，一路讀到現在，我們一起經歷的這趟旅程也快到了結尾，我希望你有得到啟發的同時，也知道該從哪個方向著手前進，讓你不論在收入、事業發展、生活型態等方面都感覺更有希望也更明確了。

我一直覺得人生不是只有工作，還有許多比工作更重要的事。像是你的家人、你的另一半、你的孩子，他們都很需要你的陪伴，我相信不論你是企業老闆，或者你現在是個上班族，或是任何身份，你會想要賺更多錢、想要創業、想擁有一份自己的一片天，其中一個原因，應該都是希望讓你愛的人過更好的日子，不是嗎？而且你也會希望有更多時間陪伴他們，不是只是給他們錢、讓他們生活過得好而已。

在這本書裡面，我和你分享了我這十多年來學到很重要的教訓，也和你分享了「快樂自由族」的生活型態，你有更好的方式可以做你現在做的事情，獲得更多業績、創造更高收入，不再是只能透過犧牲自己的時間甚至健康，更努力工作來交換，你可以透過軟體工具的設定讓一切自動化，你可以運用付

費廣告來開發源源不絕的客戶、24 小時不間斷的成交訂單創造獲利、賺到錢。

我們還分享了 10 個很重要的關鍵，讓你的事業可以發展的更穩健和快速，而且你會發現，透過這樣的運作，你的收入是沒有上限的！是可以持續不斷擴張的！

更棒的是，即使你收入增加了、營收擴大了、業績翻倍了，但你的工作時間不會因此而增加！你擺脫了用時間換金錢、生意做越大越忙的「宿命」！

你可以得到財務自由，更能解放自己的時間，讓你連時間也自由！

這意謂著你可以自由選擇你想要做的事情、自由安排自己的時間，不用再看別人臉色而去做你不喜歡的事，也不會再因為工作而錯過你心愛的人任何活動，你不用再犧牲，工作是因為你想要做才去做，而不是非做不可！

你能自由選擇工作的時間、地點，只要一台可以上網的筆電，一切全部都在你的掌握！

這樣的生活很棒，不是嗎？

相信當你看到這邊，你會知道我所說的都是確實可以辦到的！

而且你也絕對值得擁有人生中最美好的一切！

老師，你好！我們今天特地從屏東北上聽你的分享，這些概念對我們僵化的醫療業腦袋有很大的啟發，也刺激我跟先生一路上熱烈討論！謝謝你，很高興認識你

接下來你該做什麼？

想要得到上述我和你分享的一切，擁有快樂自由族的生活，我相信你很清楚打造自動化成交系統是你一定要做的事！

但在這之前，我希望你能記得最重要的，是你得先釐清，你要的到底是什麼？當我這樣問的時候，有人會告訴我，他不想再用時間換金錢了；他也不想再為了訂單，要去和客戶交際應酬，把自己身體都弄壞了；他說他也不想看人臉色做事，盡是去做一些自己不想做的；他還會說他不想……

好啦，你知道我意思，我問的是：你要的到底是什麼？而不是問你不想要什麼？你想要過什麼樣的生活型態？你渴望的人生應該是什麼樣的呢？

回答上述問題，明確你要的是什麼，這是你最重要的事！

記得嗎？我們前面有說，明確才會有力量！

你知道自己要的是什麼，知道為誰而戰、為何而戰，並且

跟自己約定好，跨出第一步，不再做思想的巨人、行動的侏儒，那麼我想，你的人生才會真正開始改變！

當你回答完上面的問題，恭喜你！你已經開始採取行動、跨出了第一步！你現在確定了自己的目標，確定了你想要實現的未來，接著你要做的是按照我們前面所談的採取具體的行動，複習一下前面說的五大步驟和十大關鍵，運用這些規劃出你的行動計畫，然後一步一步按照計畫前進吧！

別忘了本書中提到所有軟體工具的網址和一切相關資源與更新你都可以到這個專屬的網站裡看到喔 ==> terryfubooks.com

老師你人也太好了

難怪這麼成功

你的課程幫助我很多

我對架網站一竅不通

但依照你們的教學一步一步走即可完成

真的很謝謝你跟俊明助教!!

1小時43分鐘創造117萬的收入！

我個人最佳的銷售記錄，是三個半小時創造123萬新台幣的營收！這對多年前負債累累的我來說，根本是一件完全無法想像的事情！但我居然做到了！

在這裡與讀者們分享這個不是要炫耀我有多厲害，而是我想告訴你，不論你的現況是什麼，你都能夠改變你的人生，並且創造你過去連想都不敢想的成就！重點是你必須要掌握正確的策略與方法，當你掌握了，剩下的就是全然相信地去實踐！

我會特別跟你說這些，是因為我想大家在看完書準備開始行動的時候，可能有些人會害怕、會擔心，因為過去沒有成功經驗，對網路行銷一無所知，這時會自我懷疑、會猶豫是很正常的。

不過「選擇就不要懷疑，相信就全力以赴」！

你看到這邊，應該已經很清楚，一切都是確實可行的，同時只要你做對，結果都是可以預期的，不是嗎？

　再加上你應該也看到了我許多學員的分享，所以這不是只有我一個人辦到，我也協助了許許多多的學員辦到了！

　接著我想再多跟你分享我日前寫的一封電子報的內容，我想這一定會對你有一些啟發，先來看看吧～

　以下是我一封 Email 電子報的內容：

　昨天我看到一個真實上演的案例，一位美國的網路行銷高手辦到了一件事，那就是「1 小時 43 分鐘創造 117 萬的收入！」

　確切來說他創造了 39,000 美金的收入，換算成新台幣大概就是 117 萬！我知道或許對有些人來說這不算什麼，或者說看到這不會太驚訝、因為更大的數字都曾聽過了，但我想以大多數人的角度來看，如果你可以在不到兩個小時辦到這件事，一樣是很棒且驚人的吧！？

　不過我真正想跟你分享的，其實不是他達到的這個成績有多棒，而是另外一個我看到的重點，我覺得更值得學習的要點，那就是——對於非達成目標不可的渴望、堅持與信念！

　這個實際案例，過程是這樣的……

　我昨天在 FB 上剛好看到他的直播，直播影片的敘述文

字寫著:「我們這個月的目標是 60 萬美金,同時我們大概還有 19,000 美金的差距,既然今天是這個月的最後一天,我要給你一個瘋狂的提案!」

在直播一開始他講了一下他這個月的目標、現在有多少差距,然後大概花了一個多小時分享了一些有價值的資訊,接著他提到距離目標還有 19,000 美金,他要給出他的瘋狂提案,於是他拿他一個售價 1,497 美金的主力資訊產品,限時「12 分鐘」內購買者只要「500 美金」!

時間一到他立即終止該方案!就這樣,他完成了他的目標!還超額達成!最後他這個月份創造了 62 萬美金的營收!

這整個過程中,最讓我有感的是他對於目標的信念和渴望! 19,000 美金大概是新台幣 57 萬左右,如果距離業績收入目標還差 57 萬,只剩下最後一天,我想或許很多人都會選擇放棄吧。

即使不「立即」放棄,也抱持著反正就是繼續做,看會不會有奇蹟發生,或是告訴自己盡量把差距縮小,下個月再挑戰一次、一定要達成!

可是他卻不是這樣!

剩下最後一天，他就只有非達成目標不可的決心！

基本上我不太認同他的做法。因為把一個 1,497 美金的主力產品用 500 美金賣掉，我覺得對於那些之前用 1,497 美金購買的人來說，他們心裡應該很不是滋味吧……

但不論如何，他展現了無比的渴望、堅持和信念去看待與達成自己的目標，僅以這點來看，我是非常肯定也佩服的！希望在閱讀這封信的你，也可以具備這樣的信念和精神，我相信如果可以具備，將沒有任何事情可以難倒你，你的理想生活和夢想也一定會真的被實現！

其實我原本想寫到這邊就好了，因為我真正想跟你分享的其實就是這點而已，但我知道一定會有些朋友希望多了解一點這個行銷專案的策略重點，所以除了這點之外，我簡單分享一下他的策略重點有以下幾點：

1. 你必須掌握一定的名單與目標族群

他做這個活動是臨時通知的，大概要直播前半小時寫了一封 Email 給他的電子報訂戶和客戶，並且在他三萬多人的粉絲頁上發文公告等下下即將要直播的訊息，所以現場上線待到最後的有大概一百四十多人，而且這些人都是知道他，甚至對他都有一定信任感的。

2. 開宗明義完全透明地表示你的意圖、不遮遮掩掩的

很多人在推廣產品、服務或事業機會時，擔心別人有不好的觀感，怕被拒絕，常會遮遮掩掩的，但他就是直接在信件、貼文、直播一開始，就讓你知道他的意圖！他要完成他的目標！而他為了完成目標會給你一個很優惠的方案。

3. 先予後取，先創造價值，再給出超級優惠方案

我常說財富的本質是來自於創造價值。你讓別人得到他想要的，你就可以得到你想要的！所以他講完他的意圖後，接著分享了一個多小時有價值的資訊，讓你即使不跟他買，你都有所收穫和啟發。

而如果你是真的想買的人，你會更感受到他的專業能力和他為你貢獻的價值。

所以先給予，再收穫（推出提案），而且嚴格來說，如果你給的提案讓客戶感覺到非常超值，這也算是在「創造價值」而不僅是單純銷售而已！

4. 給予客戶一個立即購買的正當理由

客戶他之所以不採取購買行動，其中一個很重要的原因是他沒有立即購買的理由。他如果感覺今天買和明天買都一樣，現在買和下個月買也沒差，那為什麼一定要現在買呢？

他的理由就是要達成他的目標，這天又是最後一天了，所以他給了客戶一個為什麼要立刻購買的理由！

5. 向客戶解釋原因

他做了一個這麼「臨時」的活動，而且提案可以購買的時間那麼短，還把原本 1,497 美金的主力產品大幅降價到只要 500 美金！

如果僅僅是單純這樣做，而不解釋原因，我想那就不可能達到這樣的結果。而且客戶可能還會想，為什麼我之前買那麼貴，現在那麼便宜？或是有人會想，突然這樣做、時間又那麼短，還大降價，會不會有什麼事、收了錢就惡性倒閉跑掉啊？

沒有說明前因後果，就會讓大家一直猜，是不是有什麼陷阱或隱藏的條件，否則為什麼要突然這樣做？

所以，向客戶解釋原因，是非常重要的！

這就是我今天想和你分享的，不知道你看完之後有什麼想法呢？

回信和我分享吧 ^^

祝　平安快樂　心想事成

Terry 傅靖晏

以上就是我這封電子報的內容，你看完之後有什麼收穫嗎？

我幾乎每天都會寫信寄給我的電子報訂戶，如果你也想收到我的電子報，那你可以到以下這個網址輸入你的 Email 信箱，免費下載網路成交核心藍圖的同時，未來你都能在你的 Email 信箱收到我的電子報喔 ==>
http://bit.ly/2kXgOrz

除了整個實戰案例以外，我最希望你學習的就是裡面提到他**對於非達成目標不可的渴望、堅持與信念！**

如果你擁有這樣的渴望和信念，相信未來不論在人生的哪個面向，你遇到什麼樣的挑戰，都可以順利的克服！你不可思議美好的人生，就從此時此刻開始！

昨天我現場聽到Terry老師的一個新策略，說真的我當下就能用那個方法賺幾十萬，一年上百萬都可以

但是台下就是抄筆記，有點感慨

昨天覺得超開心的，學到新方法

□ 10:24

提醒你另一件重要的事

在你看完本書，想運用學習到的，開始建立你的自動化系統，朝「快樂自由族」邁進的這條路上，我想有可能會發生一件事，那就是：比較心理！！！

等等，這別誤解我的意思，我這邊說的比較心理並不是負面的指責，而是想告訴你這是人性的一環，這也是真實的現象！

有時候我會聽到學員跟我說……

老師，我看某某同學已經開始有名單了，可是我都還沒有

老師，我看某某同學已經開始賺錢了，可是我都還沒有成交

老師，我覺得其他同學都好厲害，我差他們好多喔，我真的會成功嗎？

或許你曾經有這樣的感覺、或許你從來不曾有過。

　　我想跟你說的是，不論你現在在哪個階段都沒有關係，重點是你接下來要怎麼做、要往哪裡前進！

　　和別人比較來評斷自己不會幫助你，讓你更有信心往你的夢想前進，你可以欣賞別人的成功、替他們感到開心，並且告訴自己：只要人類可以辦到的事情、你都可以辦到！重點是你要把屬於你的方式找出來！

　　在前進的路上，你不需要有完美的計畫和行動，就像飛機起飛後直到飛抵目的地，實際上它不是直線的一直在航道上飛行，而是順著航道、不斷修正路線，讓飛機不要偏離航道太遠，那麼最終就能抵達目的地！

　　這就像我們想往我們理想的目標前進，不需要每一步都是完美的行動，只要不斷往你的目標、不怕犯錯地持續採取「不完美的行動」，這才是達成你目標、實現你夢想最重要的關鍵！

　　問問自己，究竟對你來說什麼是真正重要的？是和別人比較？還是達成你的目標、實現你的夢想？

　　如果是後者，那麼現在開始不斷往你的目標、不怕犯錯地持續採取「不完美的行動」吧！這才是真正重要的事，也是真正值得你把焦點、目光和心力擺在上面的關鍵任務！

9分鐘

我真的相信有【磁場】這回事兒，Terry老師周圍都是真誠，和善的人，昨天見到俊明老師，上周認識　　　　　　　　都是誠懇，樂於助人之人。

昨天俊明老師，是我第一次見到，他也是非常真誠，樂於助人，讓我更覺得是選對課程，選對團體，我一定可以把網路行銷學好的，加油！

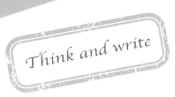

寫下想做的事，放射出行動方案！
將你的問題或想做的事、你的目標，例如存錢、置產、
證照考試、瘦身方案、創業計畫……利用九宮格思考筆
記法，讓你的發想、行動方案更具體。

♘ 九宮格思考筆記法

　　九宮格思考筆記法，就是在筆記中畫出九宮格，將主題寫
在正中央欄位，然後透過從中心發散到四周的脈絡，延伸很多
的想法，以放射法分門別類寫出付諸行動的方法。可以大大地
提升我們的腦力，擴充思考視野。所以九宮格筆記法的這個由
中心向四面八方思考的筆記方式，特別適合用來拆解出問題的
各種面向，把複雜的母問題變成具體簡單的子問題。

　　把問題寫在最中間那一格，再延伸出：人、事、時、地四
個方向的思考，然後給自己四個更具體的子問題，再進一步推
導出核心問題的解決方法，向四面八方延伸不同的思考點。

　　它也適合用來思考目標的規劃，把目標願景分解成具體可
行動的子計畫。以它為中心，想一想：我應該要多做些什麼？
少做些什麼？應該開始做些什麼？我應該停止做些什麼？

或是在中心格寫下公司的核心產品與理念，旁邊的空格寫下可以切入的行銷構想。只要在九宮格的中間填上想要發揮的主題後，便會自然地想要把其他周圍的八個空格填滿，特別適合用來收集靈感進行創意思考。

	主題	

Who （人）	What （事和物）	When （時間）
Where （地點）	主題	How Much （多少）
How （如何進行）	Why （結果）	其他

以人生規劃為例子：

★ Who →對自己目前而言，什麼是最重要的？

★ What →自己正在做什麼？想做什麼？該做什麼？必須做什麼？

★ Why →自己真正想做的是什麼？為什麼？

★ Where →哪裡可以協助我？什麼樣的環境是我想要的？

★ When →什麼時候要達成什麼樣的目標？

此外，還可以延伸很多的想法，如：「自己希望過什麼樣的生活？為何過這樣的生活，自己又做了什麼？」……等等。

　　現在，試著在最中間那格寫下一個主題，可以是你的目標、你的問題……試著列出你的行動計畫吧！

你想要更進一步嗎？

　　哇，恭喜你閱讀到這邊，現代人生活繁忙、資訊爆炸，即使這本書我盡可能寫得精簡，希望能增加讀者讀完的機率，但我很清楚，仍會有很多人買回家就放在書架上，所以你能閱讀到最後，真的很不簡單！

　　請容我向你致上最高的敬意！你真的太棒了！

　　如果你認真讀完了前面每一章節的內容，我相信你應該會開始有一個截然不同的視野來看待你未來的發展！

　　如果你已經有一定的網路行銷經驗，我想你應該看完之後就知道怎麼做了，希望你能夠把書中分享的一切運用在你的事業上，讓你的事業和收入更上一層樓！

　　但如果你過去沒有太多網路行銷經驗，你希望可以更進一步學習如何打造書中所說的自動化系統，或者希望能更進一步學習到我更多的網路行銷策略與方法，幫助你實現「快樂自由族」的理想生活，那麼你可以到這個網址去 terryfubooks.com/nextstep

再次感謝你購買及閱讀本書！
祝福你——心想事成！夢想成真！

Terry 傅靖晏

人生最高境界

市場ing
化工最強・最完整的行銷學
Marketing and Sales
BU
小咖支出咖啡,小咖變大咖

槓桿創業
斜

B&U
幸福人生終極之秘
A Class of Perfection,
Pursues the Excellence
邁向完美人生的境界、定調、價值與人生的頂峰

超譯易經
知命 · 造命,不認命,
掌握好命靠易經!

幸福人生終極之秘
決定您一生的幸福、快樂、
富足與成功!

眾籌
無所不籌 · 夢想落地

成交的秘密
SECRET
OF THE
DEAL

行銷絕對完勝營
市場ing + 接建初追轉,
賣什麼都暢銷!

玩轉眾籌實作班
大師親自輔導,保證上架成
功並建構創業 BM!

公眾演說的秘密
The Secret of
Public Speaking

寫書 & 出版實務班
企畫 · 寫作 · 保證出書 ·
出版 · 行銷,一次搞定!

世界級講師培訓班
理論知識 + 實戰教學,
保證上台!

覺醒時刻

白皮書
投資與創業

B&U
Business & You

Business & You
BU
The best way to predict the future is to create it.

有錢人
都在學!

642
神奇創業
賺錢系統

B&U
超越事業成功學
A Golden Guide,
Guiding A+ in Life
邁向成功人生的指南

B&U

★保證有結果的國際級課程★

BU生之樹,為你創造由內而外的富足,跟著BU學習、進化自己,升級你的大腦與心智,
改變自己、超越自己,讓你的生命更豐盛、美好!

新 · 絲 · 路 · 網 · 路 · 書 · 店
silkbook○com www.silkbook.com   魔法講盟

密室逃脫創業培訓

Innovation & Startup SEMINAR

體驗創業 → 見習成功 → 創想未來

創業的過程中會有很多很多的問題圍繞著你，團隊是一個問題、資金是一個問題、應該做什麼樣的產品是一個問題……，事業的失敗往往不是一個主因造成，而是一連串錯誤和N重困境累加所致，猶如一間密室，要逃脫密室就必須不斷地發現問題、解決問題。

創業導師傳承智慧，拓展創業的視野與深度

由神人級的創業導師——王晴天博士親自主持，以一個月一個主題的博士級 Seminar 研討會形式，透過問題研討與策略練習，帶領學員找出「真正的問題」並解決它，學到公司營運的實戰經驗。

創業智能養成╳落地實戰技術育成

有三十多年創業實戰經驗的王博士將從——價值訴求、目標客群、生態利基、行銷 & 通路、盈利模式、團隊 & 管理、資本運營、合縱連橫，這八個面向來解析，再加上最夯的「阿米巴」、「反脆弱」……等諸多低風險創業原則，結合歐美日中東盟……等最新的創業趨勢，全方位、無死角地總結、設計出 12 個創業致命關卡密室逃脫術，帶領創業者們挑戰這 12 道主題任務枷鎖，由專業教練手把手帶你解開謎題，突破創業困境。

保證大幅提升您創業成功的機率增大數十倍以上！

魔法講盟

區塊鏈國際
認證講師班

錯過區塊鏈，將錯過一個時代！馬雲說：「區塊鏈對未來影響超乎想像。」錯過區塊鏈就好比 20 年前錯過網路！想了解什麼是區塊鏈嗎？想抓住區塊鏈創富趨勢嗎？

區塊鏈目前對於各方的人才需求是非常的緊缺，其中包括區塊鏈架構師、區塊鏈應用技術、數字資產產品經理、數字資產投資諮詢顧問等，都是目前區塊鏈市場非常短缺的專業人員。

魔法講盟 特別對接大陸高層和東盟區塊鏈經濟研究院的院長來台授課，**魔法講盟**是唯一在台灣上課就可以取得大陸官方認證的機構，課程結束後您會取得大陸工信部、國際區塊鏈認證單位以及魔法講盟國際授課證照，取得證照後就可以至中國大陸及亞洲各地授課＆接案，並可大幅增強自己的競爭力與大半徑的人脈圈！

由國際級專家教練主持，
即學．即賺．即領證！
一同賺進區塊鏈新紀元！

課程地點：采舍國際出版集團總部三樓
New Classroom
新北市中和區中山路 2 段 366 巷 10 號 3 樓
（中和華中橋 CostCo 對面）🚇 中和站 or 🚇 橋和站

查詢開課日期及詳細授課資訊．報名
請掃左方 QR Code，或上新絲路官網 silkbook◊com www.silkbook.com 查詢。

國家圖書館出版品預行編目資料

一台筆電,年收百萬／傅靖晏 著. -- 初版. -- 新北市：
創見文化出版, 采舍國際有限公司發行, 2017.09
面；公分--（優智庫61）
ISBN 978-986-271-775-2（平裝）

1.網路行銷　2.創業

496　　　　　　　　　　　　　　106008654

優智庫61

一台筆電，年收百萬

創見文化 · 智慧的銳眼

出版者／創見文化
作者／傅靖晏
總編輯／歐綾纖
主編／蔡靜怡
美術設計／蔡瑪麗

本書採減碳印製流程
並使用優質中性紙
（Acid & Alkali Free）
通過綠色印刷認證，
最符環保要求。

郵撥帳號／50017206 采舍國際有限公司（郵撥購買，請另付一成郵資）
台灣出版中心／新北市中和區中山路2段366巷10號10樓
電話／（02）2248-7896　　　　　　傳真／（02）2248-7758
ISBN／978-986-271-775-2
出版日期／2019年11月5版4刷

全球華文市場總代理／采舍國際有限公司
地址／新北市中和區中山路2段366巷10號3樓
電話／（02）8245-8786　　　　　　傳真／（02）8245-8718

全系列書系特約展示門市
新絲路網路書店
地址／新北市中和區中山路2段366巷10號10樓
電話／（02）8245-9896
網址／www.silkbook.com

本書於兩岸之行銷（營銷）活動悉由采舍國際公司圖書行銷部規畫執行。

線上總代理 ■ 全球華文聯合出版平台 www.book4u.com.tw
主題討論區 ■ http://www.silkbook.com/bookclub　　　　◎ 新絲路讀書會
紙本書平台 ■ http://www.silkbook.com　　　　　　　　◎ 新絲路網路書店
電子書平台 ■ http://www.book4u.com.tw　　　　　　　 ◎ 華文電子書中心

Ⓑ 華文自資出版平台
www.book4u.com.tw
elsa@mail.book4u.com.tw
iris@mail.book4u.com.tw

全球最大的華文自費出版集團
專業客製化自助出版‧發行通路全國最強！